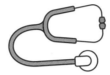

生醫材料好簡單

陳玟蓉博士、陳姵如博士、黃慶成博士　著

　　生物醫學材料在牙科臨床應用上相當廣泛，不論是接觸或不接觸人體，或是植入、置入都有，如牙髓病材料、牙體復形材料、齒顎矯正材料、植體相關材料、牙周病材料、兒童牙材料、膺復材料、牙醫美容材料、牙科設備等。使用的生醫材料種類也相當繁多，不論合成高分子、天然高分子、陶瓷、金屬或複合材料，在口腔醫學臨床照護上都相當重要。就拿植牙處置過程來說，便使用了海藻酸鈉、膠原蛋白、明膠、聚甲基丙烯酸甲酯、聚乙烯醇、聚丙烯、磷酸鈣、聚乳酸酯、鈦合金、氧化鋯等生醫材料衍生醫療器材。

　　德威國際口腔醫療體系自西元 1989 年第一家院所在臺北成立以來，目前已經是一個相當完整的垂直及水平整合的口腔醫療體系。在體系的發展過程中我們發現到，「優質口腔醫療照護服務」除了「優質成熟臨床經驗的整合與實踐」外，「優質成熟醫療器材的使用與設計」亦扮演著決定性的影響。因此，體系也積極協助學校舉辦口腔醫學健康管理相關實作研習課程，還透過課程傳遞臨床經驗並引導學員積極參與相關口腔醫學照護產品之設計開發（德威國際口腔醫療照護產品設計獎），為的就是希望在「優質成熟醫療器材使用與設計」上盡一份心力。

　　這本《生醫材料好簡單》，三位作者結合多年產學醫研合作經驗，除了對臨床照護所提的生物醫學材料基礎知識以淺顯易懂的方式表達外，更引導說明這些材料在臨床照護應用的態樣，難能可貴的是在生物醫學材料衍生醫療器材產品設計的思維邏輯，也有完整的引導。相信本書，必能對「優質成熟醫療器材使用與設計」有所助益，而對努力實踐的讀者，也將是難能可貴且藏有祕寶的重要參考書。

德威國際口腔醫療體系 創辦人

生醫材料涵蓋範圍極廣，舉凡材料科學領域如高分子、陶瓷、金屬等均被廣泛應用在各種不同的醫療器械，隨著應用的情境、使用目的、對應的人體部位的不同，材料的使用就更多元化，生醫材料的發展也更日新月異，進而改善醫療技術，並造福人群及社會。然而相較於其他材料產業，生醫材料及醫療器械因接觸人體必須接受醫療法規的嚴格規範，從生物相容性到動物實驗，甚至臨床實驗，每個應用從研發到生產製造上市，皆須嚴格遵守醫療法規，尤其近年來各國法規更趨嚴格，甚至擴大監管到使用之後的追蹤，以上這些，在在都顯示生醫材料的特殊性和重要性。

明基材料（BenQ Materials Corp）長久以來投入生醫材料的研發、製造和銷售，涵蓋先進敷料、傷口照護、醫療包材、皮膚護理、視力矯正等不同醫材，在不同的應用情境經常和專業醫護人員密切合作，也向產業專家如黃慶成博士不時請教，未來也將持續投入資源，期待成為國際生醫材料的領導大廠。

陳玟蓉、陳姵如、黃慶成等三位博士學者浸淫材料領域多年，也參與不同研究機構及事業單位的材料研發工作及擔任技術顧問，本書匯集了他們三位歷年的經驗和心得，從材料基本知識、應用、法規均有完整且適切的介紹，相信對初學者及業界人士必能帶來極大的助益。

明基材料股份有限公司 董事長

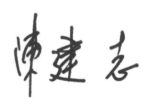

陳建志

　　生物醫學材料於人體或動物體中，可用於替代組織、器官及取代人體的相關生理功能。應用於醫療器材也相當廣泛，不僅是在手術過程中使用的用品(例如縫線、手術器械等)，甚至可以運用在骨骼(Skull)、耳朵(Ear)、皮膚(Skin)、牙齒(Dental)、心臟(Heart)、關節(Joint)、血管(Vessel)、脊髓(Spinal cord)、肌腱(Tendon)等組織的部分或全部，取代或修補，都會使用到生醫材料。

　　隨著全球醫療水平較高的國家陸續邁入高齡化社會，人類社會面對日益複雜的臨床需求，形形色色的醫療器材如雨後春筍般出現，生醫材料的應用方式日趨複雜，因此對於生醫材料基本性質的了解更形重要。例如，壓克力系列的生醫材料，從過去應用於骨水泥材料、隱形眼鏡材料，至今還應用於臨時牙植體、牙套，又或是人工水晶體。又例如醫學美容皮下注射針劑，從玻尿酸、膠原胜肽，而演化到使用交鏈玻尿酸、交鏈膠原胜肽，甚至又更進一步為了減低動物免疫源及致敏問題而使用脫細胞膠原、非動物源的重組膠原，而重組膠原又由基因重組的微生物系統演化到植物系統。還有 3D 列印之臨床應用，由骨科使用聚乳酸、聚乳酸酯、聚己內酯熱塑性系統材料，演進成低溫 3D 生物列印系統，使用了海藻酸鈉、明膠材料或混合細胞之生物墨水、細胞來列印。由這些例子的提示，相信更可以體會到生醫材料在臨床應用與醫療器材設計的多樣與重要性。

　　因此，我們希望有一個機會，能將生醫材料的基本知識、臨床應用的態樣、及應用於產品設計的思維邏輯做一個簡單又完整的介紹，這也就是這本書撰寫的初衷。希望這樣一本書，對於選擇生醫材料進行科學研究的科學家、利用生醫材料進行產品設計並生產製作的企業、使用生醫材料衍生醫療器材產品的醫護人員與病患、以及對於生醫材料及衍生醫療器材有興趣的求知者能有所助益，為醫療科技發展貢獻綿薄之力。

陳玟蓉　陳姵如　黃慶成

目次

MEMO

Chapter 01

生醫
材料

在這個章節中，
我們希望帶領讀者初步了解生醫材料的現況及未來發展，
並且了解生醫材料的分類、特性及其在醫療領域上的應
用，進而能認識常見的生醫材料以及材料的檢測評估方
式。

1

生醫材料

一、生醫材料應用概況

凡是用於評估生物系統或是治療、增強、取代生體的組織、器官、功能的物質，即為生物醫學材料（以下簡稱生醫材料），將其用於人體或動物體中，可以直接替代組織、器官或是協助人體的相關生理功能。

目前生醫材料運用廣泛，不僅是在手術過程中使用的用品（例如縫線、手術器械等），甚至可以運用在骨骼(Skull)、耳朵(Ear)、皮膚(Skin)、牙齒(Dental)、心臟(Heart)、關節(Joint)、血管(Vessel)、脊髓(Spinal cord)、肌腱(Tendon)等的組織，現今已有許多人體部位可以使用生醫材料來治療或取代。

(一) 常見生醫材料之應用

1. 生物可吸收之縫線 (Biodegradable suture)：意指手術縫線可由組織吸收，不需回診拆線。
2. 人工皮膚 (Wound dressing)。
3. 人工水晶體 (Intraocular lens)。
4. 生物可降解支架 (Biodegradable stent)。
5. 隱形眼鏡 (Contact lens)。
6. 義鼻 (Nose implants)。
7. 骨板 (Bone plates)。
8. 人工膝關節 (Artificial knee joint)。
9. 人工髖關節 (Artificial hit joint)。

（二）人工髖關節材料的選擇（複合材料 v.s. 金屬材料）

1.**複合材料**：由金屬與陶瓷組成，模仿「股骨球窩關節」接合，因為與骨組織接觸界面的材質為陶瓷材料，骨組織對陶瓷材料較金屬材料易於貼附生長，因此材料與骨組織接合較緊密，不易造成人工髖關節鬆脫。

2.**金屬材料**：屬於較早期的材質，僅提供骨釘作為關節接合點。金屬材料不似陶瓷噴塗的表面，陶瓷噴塗的材料因接觸面積大且易於骨細胞貼附，因此接合力較強，而金屬材料的接合處則易造成鬆脫。

（三）何謂「生物材料」

生物醫學材料（Biomedical materials）≠ 生物材料（Biological materials）。「生物材料」是指由自然界的生物體（例如植物或動物）所取得的材料，生物材料是「生物醫學材料」的其中一種，在中文解釋上，要注意不要混淆。

例如：

1.**膠原蛋白**：由豬皮、豬尾巴、豬軟骨中萃取所得。

2.**海藻酸鈉**：由海藻中獲取。

3.**彈力蛋白**：由動物體中取得。

二、生醫材料發展

生醫材料目前主要用於對生物體進行診斷、治療或置換損壞的組織和器官，甚至能增進其生理功能。

（一）依材料的組成以及性質，可將材料分類成：

1. 醫用金屬材料
2. 醫用高分子材料
3. 生物陶瓷材料
4. 生物複合材料
5. 可降解生物材料：植入體內後可被生物分解、吸收的材料。

（二）生醫材料條件：
在選擇生醫材料時，我們需要考慮材料是否符合下列條件。

1. **生物相容性**(Biocompatibility)：材料及人體相互作用後，產生的各種複雜的生物、物理、化學等反應的概念。
2. **生物可降解性**：植入人體一段時間後，能逐漸被分解的材料。
3. **可滅菌性**(Sterilizability)：材料能接受在高溫高壓、乾熱、放射線、環氧乙烷等方式滅菌後，仍不改變其原有的物化特性。
4. **可加工性**(Manufacturability)：能接受打磨、貼附、噴塗其他材料、修整外形，而不改變生醫材料原本的物化特性。這些常見的加工程序，例如：表面拋光、修整外型等。
5. **物理特性**(Physical characteristic)：因應生醫材料應用的範疇，開發出的生醫材料本身應具備一定的物理特性，例如：強度(Strength)、彈性(Elasticity)、延展性(Durability)。

三、生物相容性評估

依預設生醫材料植入後停留在人體的時間長短,去做不同的評估測試,且必須是在無菌的狀態。

(一) 常見生醫材料在人體植入或停留的時間如下。

1. 針頭 1~2sec
2. 壓舌板 10sec
3. 隱形眼鏡 8hr~12hr/30days ↑
4. 骨釘骨板 3months~1years ↑
5. 人工關節 10years ↑
6. 人工水晶體 20years~30years

(二) 生物相容性評估包含三個層面:

1. **材料植入體內的生理作用**:對全身組織、器官的全面影響評估,例如:血液 pH 值、血漿濃度、溫度調控等。
2. **生醫材料降解產物是否具有毒性、或導致發炎反應**,這牽涉到生醫材料及其降解產物在人體的吸收過程。
3. **組織工程支架對細胞、組織、器官的基因調控及訊息傳遞之影響**。例如:螢光物質若嵌入 DNA 雙股螺旋中,將使 DNA 無法進行複製,進而可能導致癌化細胞形成。

(三) 研究方法:材料降解分析、細胞影響試驗分析(細胞存活率或死亡率)、代謝物分析、功能或藥物釋放之評估。

四、生醫材料的發展趨勢

1. 改善生物相容性。
2. 研究新的生物可降解性材料。
3. 研究具有全面生理功能的人工器官和組織材料。
4. 研究新藥物釋放和藥物載體材料。
5. 研究生醫材料新的表面改質方式。

五、生醫材料的重要特性

1. **表面特性**：表面疏水性(Hydrophobicity)、表面親水性(Hydrophilic)、表面粗糙性(Surface roughness)。例如：表面粗糙會影響細胞、蛋白質吸附。
2. **一般常見的物化特性**：物理性質、機械性質、化學成分、化學反應等。例如：接觸角、密度、氧化還原反應等。

六、常見醫療器材

1. **人工心臟瓣膜**：有止逆閥(One-way valve)，只有單向可以通過。

※ 補充：植入人工心瓣膜後常見的併發症(Complication)，例如：血栓(Blood clotting)、感染(Infection)、機械強度(Mechanical failure)不足導致使周邊組織破裂。

2. **人工血管**：需要選擇彈性好、具抗壓應力的材質，維持血管的原樣不會有血液凝固或栓塞等狀況。而內含鐵氟龍(PTFE)可使血液、血球不沾黏，因此不會導致血管栓塞。
3. **心肺循環機**(Heart-lung machine)：在動心臟手術中，幫助置換氧氣、排除二氧化碳。
4. **腎透析機**(Kidney dialysis)：洗腎機，現有隨身攜帶型。

七、生醫材料的生物反應 (Biological Response to Biomaterials)

　　這個階段主要測試蛋白質及細胞對生醫材料的反應，可以釐清生醫材料的用途，評估移植的材料在人體中的各項反應是否合適。包含：

1. **體外測試 (In vitro testing)**：常見利用細胞培養或組織培養，來觀察生醫材料的生物活性是否合適。
2. **體內測試 (In vivo testing)**：利用活體（實驗用動物體）實驗，來篩檢生醫材料對動物體的生物活性是否合適。

八、生醫材料開發測試

　　一般生醫材料經過檢驗後，會進一步為特定的臨床需求而設計成原型成品 (Protype)，且在應用到臨床前，尚需經過系列性的體外試驗及動物試驗，來確保成品的安全性及有效性。例如：人工水晶體的粗胚完成後，需經過與組織的共同培養（體外試驗）來確保其無毒性。接著，以動物實驗的方式，植入到健康的活體動物中，檢測粗胚材料是否在活體動物中具有功能性及安全性。最後，再植入患有白內障的動物體內，觀察粗胚材料是否能有效改善動物的視力的功能。

　　以下是在未進入臨床試驗前必須通過的試驗。

1. 體外試驗。
2. 健康活體動物試驗。
3. 模擬疾病模式活體動物測試。
4. 臨床試驗 (Controlled clinical trial)：以人體作為試驗對象來測試生醫材料的效果。

九、生醫材料種類

(一) 陶瓷 (Ceramics)

1. **氧化鋁** (Aluminum oxides)（Al_2O_3）：應用在骨關節置換、牙齒植入物等。
2. **生物活性玻璃** (Bioactive glasses)：應用在骨科、牙科表面塗層、重建組件等。
3. **磷酸鈣** (Calcium phosphates)（$Ca_3(PO_4)_2$）：應用在骨移植替代物、骨水泥等。
   優缺點比較請見下表。

表 1-1 陶瓷材料優缺點特性表

優點	缺點
• 高壓強度 (High compression strength) • 磨損阻力高 (Wear & corrosion resistance) • 具高拋光度 (Can be highly polished) • 具高惰性／活性 (Inert/Bioactive)	• 彈性模數高、高脆性 (High modulus mismatched with bone) • 拉伸度低 (Low strength in tension) • 斷裂韌性低 (Low fracture toughness) • 製作不易 (Difficult to fabricate)

(二) 金屬 (Metal)

1. **鈷鉻合金**：人工心瓣膜、人工關節、血管支架、骨板。
2. **金和白金**：牙科填充物。
3. **銀銅合金**：牙科填充物。
4. **不鏽鋼**：假牙、血管支架。
5. **鈦合金**：人工心瓣膜、人工關節、骨釘、血管支架。

優缺點比較請見下表。

表 1-2 金屬材料優缺點特性表

優點	缺點
・高強度 (High strength) ・抗疲勞強度高 (Fatigue resistance) ・耐磨性高 (Wear resistance) ・易製造 (Easy fabrication) ・易滅菌 (Easy to sterilize) ・形狀記憶 (Shape memory)	・彈性模數高 (High modulus) ・易腐蝕 (Corrosion)：易氧化 ・金屬敏感性及毒性 (Mental ion sensitivity and toxicity) ・外觀 (Metallic looking)

(三) 高分子 (Polymer)

1. 合成高分子(Synthetic polymer)：大多應用在隱形眼鏡、骨水泥、縫合線、醫用填充物、傷口敷料。

2. 天然高分子(Naturally derived polymer)：

   (1) 海藻酸鈉 (Alginate)：應用在傷口敷料。

   (2) 甲殼素 (Chitosan)：應用在傷口敷料。

   (3) 膠原蛋白 (Collagen)：應用在骨科、神經修復基質（組織工程）。

   (4) 彈性蛋白 (Elastin)：應用在皮膚修復基質。

   (5) 纖維蛋白 (Fibrin)：應用在止血產品、組織密封劑。

   (6) 葡萄糖胺 (Glycosaminoglycan)：應用在整形修復基質。

   (7) 玻尿酸 (Hyaluronic acid)：應用在整形修復基質。

優缺點比較請見下表。

表 1-3 高分子材料優缺點特性表

優點	缺點
· 易製作 (Easy to make complicated items) · 可定制的物理、機械性質 (Tailorable physical & mechanical properties) · 表面修飾 (Surface modification) · 固定細胞 (Immobilize cell) · 生物降解 (Biodegradable)	· 可濾取化合物 (Leachable compounds) · 吸收水分和蛋白質 (Absorb water & proteins) · 表面汙染 (Surface contamination) · 生物降解 (Biodegradation)：在不當時機被生物降解 · 不易滅菌 (Difficult to sterilize)

Chapter 02

生醫材料 的 基本性質

在這個章節中，
我們希望帶領讀者了解生醫材料的基本特性，
並且認識生醫材料的機械性質測試及疲勞破壞等。

2

生醫材料的基本性質

一、機械性質

生醫材料的基本特性中，我們主要的測試項目包含：

1. 拉伸／壓縮性能 (Tensile/Compressive properties)
2. 剪力／扭轉應力 (Shear/Torsion properties)
3. 彎曲性能 (Bending properties)
4. 黏彈性 (Viscoelastic properties)
5. 硬度 (Hardness)

二、彈性變形與塑性變形

1. **彈性變形** (Elastic deformation)：材料原子暫時離開原本的位置，若位移量不足，會使原子回原位。
2. **塑性變形** (Plastic deformation)：材料原子永久性離開原本的位置，移至新的位置。

三、拉伸及剪力性能

拉伸試驗中，測量的兩個重要參數為：負載 (F) 及樣本的伸長量 (Specimen elongation)。「工程應力」為負載除以樣本的作用表面積，而「工程應變」則為樣本的伸長變化量（$l_i - l_o$）除以原長度，公式如下：

工程應力 (Engineering stress, σ)：F/A_o（力／表面積）

工程應變 (Engineering strain, ε)：$(l_i - l_o)/l_o$

（l_i：拉伸後的長度、l_o：原長度）

而彈性模數則為：工程應力 σ / 工程應變 ε

（一）應力與應變曲線 (Stress-strain curves)

1. 典型材料的應力與應變曲線圖

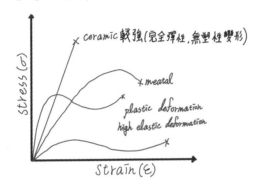

圖 2-1 典型材料的應力與應變曲線圖

從應力與應變曲線圖中，我們可以了解的機械性質包含：

(1) 彈性模數：在彈性變形內的工程應力 σ / 工程應變 ε，也就是彈性變形內的斜率。

(2) 在 0.2% 偏移量時的降伏強度。

(3) 最大抗拉強度 (Ultimate tensile strength)。

(4) 斷裂時的伸長率。

(5) 斷裂時的面積減少率。

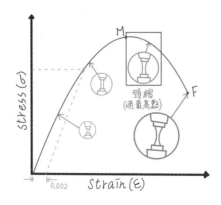

圖 2-2 金屬材料拉伸試驗圖

在圖 2-2 中，我們可以觀察到在 0.2% 偏移量時的降伏強度，我們稱之為「降伏點」，也就是把材料從「彈性變形」變成「塑性變形」的轉折點。圖中的最大拉伸強度 (M) 可用來作為指標材料缺陷的存在。例如有孔隙或介在物，則拉伸強度下降；而通常有高彈性模數的金屬則較強硬。彈性模數與金屬原子鍵結強度有關，彈性模數如下圖所示：

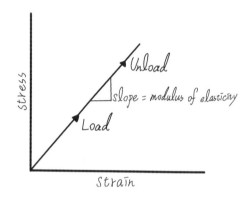

圖 2-3 彈性模數圖

圖中斜率愈陡，代表材料強度或硬度愈好，反之斜率愈緩，代表材料較易變形。在圖 2-2 拉伸過程中，材料試片開始有中間區域截面積縮小的現象出現，稱之為「頸縮」，金屬延性愈好，頸縮現象愈明顯。

2. 斷裂時的伸長率 (Percent elongation at fracture)

斷裂時的伸長率，可以代表金屬的延性。材料中若有缺陷，則伸長率降低。伸長率公式如下：

$$elongation = \frac{final\ length - initial\ length}{initial\ length} \times 100\%$$

$$= \frac{l - l_o}{l_o} \times 100\%$$

3. 斷面收縮率 (Percent reduction in area at fracture)

　　斷面收縮率也可以代表材料的延性。材料若有缺陷，則斷面收縮率降低。斷面收縮率公式如下：

$$reduction\ in\ area = \frac{initial\ area - final\ area}{initial\ area} \times 100\%$$
$$= \frac{A_o - A_f}{A_o} \times 100\%$$

4. 工程應力與真實應力

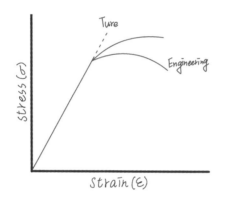

圖 2-4 工程應力與真實應力示意圖

　　因為頸縮現象的出現，工程應力會出現下降現象，所以真實應力值大於工程應力。頸縮現象時，截面積下降，而工程應力的公式中一直是除以原截面積，因此小於真實應力。

　　真實應力與真實應變的公式為：

$$True\ stress(\sigma_t)$$
$$= \frac{F(average\ uniaxial\ force\ on\ the\ test\ sample)}{A(instantaneous\ minimum\ cross-sectional\ area\ of\ sample)}$$

$$Ture\ strain(\varepsilon_t) = ln\frac{l_i}{l_o}$$

5.冷加工對金屬材料的影響

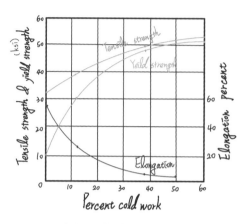

圖 2-5 冷加工對金屬材料的影響圖

　　當材料在進行冷加工後，差排隨冷加工量增加，便會出現差排密度增高的變化。冷加工變形材料中會產生許多新的差排，差排變多導致差排間相互作用，差排變得愈來愈難以移動，便形成了差排樹林 (Forest of dislocation)。由於差排樹林會讓差排更加難以移動，因此導致材料強度增加的現象，稱之為「加工硬化」或「應變硬化」。如圖 2-5 所示，室溫下進行冷加工處理，可增加銅的拉伸強度、降伏強度，但降低伸長率。冷加工是最重要的強化金屬材料方式之一。冷加工量增加，使得拉伸強度增加、伸長率降低。例如：冷抽處理的純銅電線，可製成不同強度的產品。

四、半結晶高分子和彈性體 (Semi-crystalline polymers and elastomers)

1. **半結晶高分子材質強度**：與分子量有關，分子量愈大，材料的結晶性愈增加，且材質硬度也隨之增加。

2. **彈性體**：主要成分為彈性蛋白 (Elastin)，因為分子間有 2 個以上的交聯連結 (Cross-link)，分子鏈可以拉伸得非常長但不會斷裂，將施力移除後，仍可恢復原來長度。

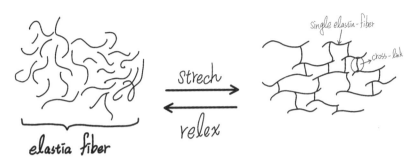

圖 2-6 彈性體拉伸變形圖

五、潛變 (Creep)

(一) 高溫潛變

高溫潛變通常發生在高溫下，為在一段時間內發生漸進式的塑性變形，且金屬在絕對熔點溫度一半（也就是 1/2Tm）之下發生之塑性變形。例如：一金屬熔點為攝氏 200 度，則在 100 度時可能會發生潛變。

(二) 潛變曲線

在材料上施加一固定載荷，且在高溫環境下，在一段時間內發生漸進式的塑性變形，這種隨時間演進所發生的應變與時間的關係圖，稱為潛變曲線。潛變曲線分為三個階段：

1. **第一階段**：稱為初期潛變，潛變速率逐漸下降（斜率由急至緩）。金屬應變硬化支持外加負荷，進一步導致變形愈加困難，因此潛變速率降低。

2. **第二階段**：稱為二期潛變，潛變速率維持固定。在高溫下（0.5Tm）高移動性差排抵銷應變硬化的效應，稱之為最低潛變速率。

3. **第三階段**：稱為三期潛變，在此時期，潛變速率快速增加（斜率由緩至急）直至斷裂（Fracture）。此時期因頸縮現象，使潛變速率快速增加而斷裂。

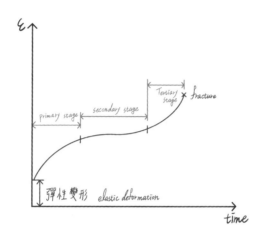

圖 2-7 典型金屬或陶瓷材料的潛變曲線圖

六、應力鬆弛 (Stress relaxation)

　　一材料在變形量不變的情況下，隨著時間增加，會出現應力值下降的現象，稱之為「應力鬆弛」，如圖 2-8 所示。

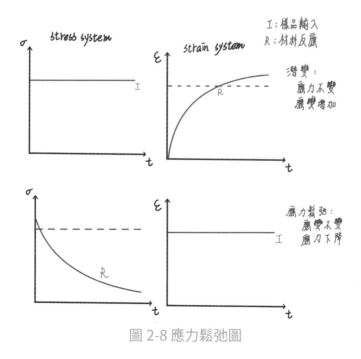

圖 2-8 應力鬆弛圖

七、黏彈性變形 (Viscoelastic behavior)

　　黏性、彈性、黏彈性三種不同性質的材料，給予相同的作用力時，所發生的應變行為會不同。圖 2-9 為所施加在這三種材料上的力，在一定的時間區間內，給予固定的力值，圖 2-10 ～圖 2-12 為黏性、彈性、黏彈性三種不同性質材料所產生的應變反應。

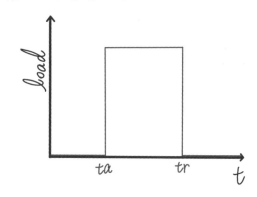

（ta：施力時間點　tr：放鬆時間點。）

圖 2-9 黏彈性變形圖 - 施力

1. 完全彈性材料 (Entirely elastic material) 的應變反應是瞬時發生的，且應變值恆定，直到施力移除時，應變也隨即恢復。

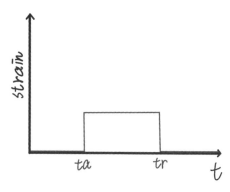

（ta：施力時間點　tr：放鬆時間點。）

圖 2-10 彈性材料應變圖

2. **黏彈性材料**(Viscoelastic material)的應變反應也是瞬時發生應變，但應變值會隨時間產生變化，且為非線性的增加，當施力移除時，應變會隨即下降，但不會恢復至原長。

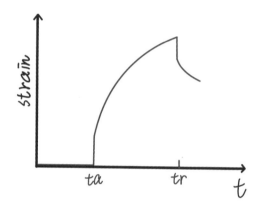

（ta：施力時間點　tr：放鬆時間點）

圖 2-11 黏彈性材料應變圖

3. **完全黏性材料**(Entirely viscous material)的應變反應不會瞬時發生，但應變值會隨時間慢慢增加，且為線性關係，當施力移除後，應變值不會隨即下降，也不會恢復至原長。

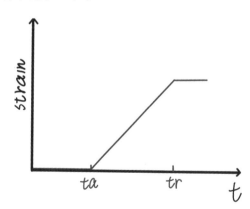

（ta：施力時間點　tr：放鬆時間點）

圖 2-12 完全黏性材料應變圖

八、孔隙 (Porosity) 和降解 (Degradation) 對機械性質的影響

具孔隙性質的材料有許多重要的特性，例如：親水性質佳、可負載藥物讓藥物釋放、細胞貼附率較佳等，在生醫材料上是重要的特性。但孔隙性質的材料會使材料的機械性質下降，並較容易發生降解速度的提高，而降解亦會使得材料強度降低。

九、材料破壞

金屬或一般材料的破壞，可分為「延性破壞」與「脆性破壞」兩種。

1. **延性破壞 (Ductile fracture)**：發生在大量塑性變形後，具緩慢裂紋傳播的特徵。其破壞的步驟大多是由頸縮現象出現開始，頸縮的部位開始出現微空穴，微空穴在中心聚結成裂紋，並沿垂直於應力的方向向表面延伸，當裂紋接近材料表面時，其裂紋傳播方向與材料表面呈 45° 延伸，最後材料裂開成兩段，其形狀類似杯形與錐形，稱之為「杯錐形破壞」。

2. **脆性破壞 (Brittle fracture)**：材料拉伸時沿特定結晶面滑動，通常在垂直於材料表面下沿特定結晶行進，突然形成剪應力，而有快速裂紋傳播的特徵，最後材料斷裂面垂直於拉伸方向。具有 HCP 結晶結構的金屬，因為滑動面較少，因此經常屬於脆性破壞，像是 BCC 的 α 鐵、鉬、鎢等低溫高應變速率，會出現脆性破壞。

十、破壞測試

(一) 韌性與衝擊測試 (Toughness and impact testing)（破壞測試1）

1. 「韌性」指的是材料在破壞前所能吸收的能量。測試時，利用 V 行凹口試片，橫置於平行試驗機底座，再用不同重量或高度的擺錘撞擊試片，由於已知擺槌質量及高度差，測量其所吸收的能量就是韌性，並且能測試溫度對不同材料的影響。

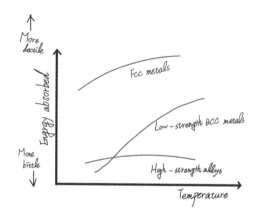

圖 2-13 材料韌性圖

2. 「延脆轉變溫度」(Ductile to brittle transition temperature, DBT) 指的是金屬破壞時，由延性轉變脆性的溫度範圍。

　(1) 退火鋼的含碳量，會影響延脆轉變溫度。

　(2) 低碳退火鋼的延脆轉變溫度，比高碳的低且窄。

　(3) 退火鋼含碳量愈高，材料愈脆，衝擊破壞可吸收的能量愈低。

(二) 斷裂韌性和應力集中（破壞測試 2）

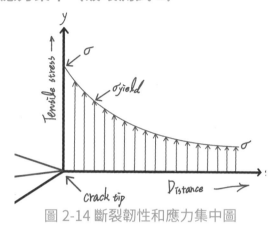

圖 2-14 斷裂韌性和應力集中圖

「應力強度」取決於「應力」與「裂紋強度」。在材料邊緣或凹口處，通常會產生較高的應力值。應力強度因數為 K_I，應力強度因數臨界值稱之為材料的破壞韌性 K_{IC}。（$K_{IC}\uparrow$，傾向延性破壞／$K_{IC}\downarrow$，傾向脆性破壞）可視為材料抵抗裂縫傳播的能力。

公式：$K_I = Y_\sigma\sqrt{\pi a}$、$K_{IC} = Y_{\sigma F}\sqrt{\pi a}$

（Y 為常數、a 為邊緣裂紋長度或內部裂紋長度 $\frac{1}{2}$）

而破壞韌性值，可預測材料所能容許裂紋大小。

(三) 材料疲勞與疲勞測試 (Fatigue and Fatigue testing)（破壞測試 3）

1. 「疲勞破壞」常起源自應力集中處。受到循環作用的應力，會使材料在比最大拉伸應力值更低的應力作用下發生破壞，通常為不可預期之破壞。常見的疲勞破壞處有：軸承、連桿、齒輪。

2. 疲勞破壞主要發生於以下三種狀況：

   (1) 裂紋產生 (Crack initiation)：在高應力區產生小裂紋。

   (2) 裂紋擴散 (Crack propagation)：裂紋隨負荷周期而增加。

   (3) 破壞：裂紋至一定程度而迅速發生。

3. 破斷面可分:

(1) 裂紋傳播時,由於摩擦效應所造成的平滑區域。

(2) 負荷過高所造成的粗糙區域。

4. 測試疲勞壽命:

(1) 往覆式彎曲法(Reversed-bending):使同一材料試片的其中一面承受伸張力,另一面承受壓縮力,且循環應力多次直至材料疲勞。

(2) 旋轉測試法(Rotating-beam):材料試片旋轉時,反覆承受等值壓縮及拉伸作用,且循環應力多次直至材料疲勞。例如圖 2-15 為用於材料疲勞試驗的旋轉彎曲儀,拉伸力和扭轉力都作於材料試片上。

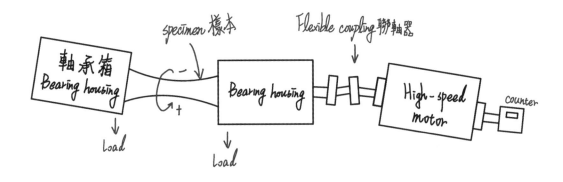

圖 2-15 旋轉測試法示意圖

(3) 材料的 SN 曲線:在測試材料的疲勞壽命實驗中,有兩項參數,其中「S 為破壞應力值」,而「N 為斷裂的旋轉測試週期數」。在 SN 曲線中,破壞應力隨旋轉周數增加而下降,水平部分稱「疲勞限」或「耐久限」,圖 2-16 為具疲勞極限的材料與無疲勞極限的材料的 SN 曲線。

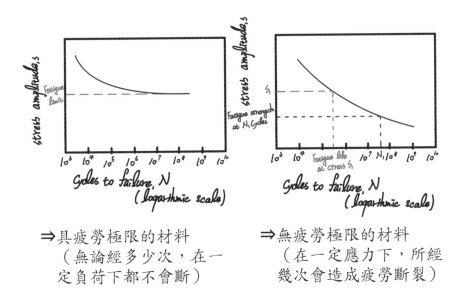

⇒具疲勞極限的材料
（無論經多少次，在一
定負荷下都不會斷）

⇒無疲勞極限的材料
（在一定應力下，所經
幾次會造成疲勞斷裂）

圖 2-16 SN 曲線圖

十一、影響疲勞壽命的因素

（一） 應力集中

疲勞強度在應力集中處驟降，例如缺口、孔洞、插梢孔、因此可利用機械設計來避免應力集中。

（二） 表面粗糙度

因凹凸之處會產生應力集中，所以表面愈光滑，疲勞強度愈高。

（三） 表面處理

碳化或硬化表面處理，可使疲勞壽命增加；脫碳會軟化表面，而使疲勞壽命降低。

(四) 環境因素

腐蝕環境會加速疲勞裂紋的傳播速率。

(五) 加工參數

1. 裂隙腐蝕 (Crevice corrosion)
2. 凹陷腐蝕 (Pitting corrosion)
3. 晶粒間腐蝕 (Intergranular corrosion)：較難避免，例如「骨固定裝置板上縫隙腐蝕」。

(六) 機構環境

1. 應力與直流電的腐蝕 (Stress and Galvanic corrosion)
2. 應力腐蝕斷裂 (Stress corrosion cracking)
3. 疲勞腐蝕 (Fatigue corrosion)
4. 磨損腐蝕 (Fretting corrosion)

Chapter 03

生醫材料的
表面特性
與分析

在這個章節中，
我們希望帶領讀者了解生醫材料的基本表面特性，並且
認識生醫材料的測試分析方法。

3

生醫材料的表面特性與分析

一、生醫材料的表面特性

　　一般而言，表面是指生醫材料產品最外層約 50nm 厚度所構成的連續性結構，由於材料表面直接接觸生物體或體液，所以材料表面的物化特性會影響到材料植入生物體後的發炎反應，繼而影響醫材本身的穩定性。

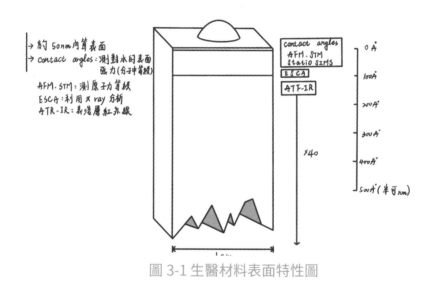

圖 3-1 生醫材料表面特性圖

二、接觸角

　　「接觸角」用來測量液體在固體表面的附著程度，進而得知固體對液體的親疏程度。測量時，可由「接觸角量角器」來測量，且常利用水來衡量材料親水性、疏水性的特質，如圖 3-2。

1. **親水性**：液體和表面所夾角度 <90°。
2. **疏水性**：液體和表面所夾角度 >90°。但若角度 >120° 則稱為超疏水性。

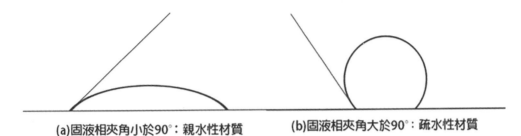

(a)固液相夾角小於90°:親水性材質　　**(b)固液相夾角大於90°:疏水性材質**

圖 3-2 親疏水性特性圖

　　接觸角夾角之大小,乃因固、液、氣三介面去對表面上的液體做張力而形成,最終造成夾角大小的不同。接觸角即為和液體(γSV)/氣體(γLV)/固體(γSL)三個介面接觸時所形成的夾角,其張力大小與表面分子相關,如圖 3-3、圖 3-4 所示。

$\theta : r_{LV}$和r_{SL}所夾的角

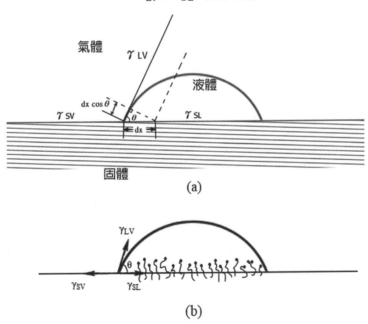

臨界表面張力 $r_C = 27 dynes/cm$

圖 3-3 表面張力成因圖

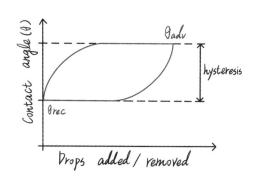

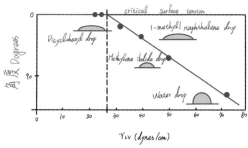

圖 3-4 表面張力特性圖

三、常見的材料表面分析方法

通常可以通過兩種主要的技術：「光譜法」及「色譜法」來分析。

表 3-1 常見光譜分析方法表

表面分析方法	原理	分析深度	精準度	敏感度
Contact angle	測表面張力（用液體）	3~20Å	1mm	取決於化學特性
STM	利用紅外線輻射激發分子振動	5Å	1Å	單一原子
SEM	二次電極的繞射	5Å	40Å typically	高、非定量
SIMS	離子轟炸從表面濺射出二次離子	10Å	100Å	極高

Auger electron spectroscopy	刺激電子光束的發射	50~100Å	100Å	0.1 atom%
ESCA(XPS)	利用 X-ray 誘發繞射	10~250Å	10~150um	0.1 atom%
FTIR-ATR	紅外線吸收激發	1~5um	--	--

　　生醫材料表面分析方法，除了利用接觸角的方法之外，其餘大多是利用不同波長的光束來測量。常用的波長由小到大可區分為 Gamma-ray、X-ray、紫外光、紅外光、微波等，簡單以表 3-2「波長範圍特徵表」、圖 3-5「波長範圍圖」區分之。

表 3-2 波長範圍特徵表

Type Spectroscopy	Usual Wavelength Range	Usual Wavenumber Range , cm^{-1}	Type of Quantum Transition
Gamma-ray	0.005~1.4Å	X	核
X光吸收、發射	0.1~100Å	X	內部電子
真空紫外線	10~180nm	$1 \times 10^6 \sim 5 \times 10^4$	價電子
可見紫外光	180~780nm	$5 \times 10^4 \sim 1.3 \times 10^4$	價電子
紅外線	0.78~300μm	$1.3 \times 10^{-4} \sim 3.3 \times 10^1$	分子振動／旋轉
微波	0.75~3.75mm	13~27	分子旋轉
電子自旋共振	3cm	0.33	電子在磁場中自旋
核磁共振	0.6~1.0m	$1.7 \times 10^{-2} \sim 1 \times 10^3$	核在磁場中自旋

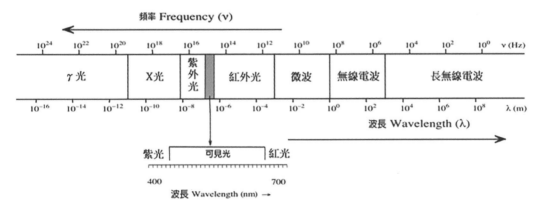

圖 3-5 波長範圍圖

（一） 紫外光／可見光光譜分析 (UV-VIS spectroscopy)

紫外光／可見光光譜分析，可測定某物質的組成及含量，或通過某物質消失和出現的時間關係，進而追蹤反應過程。不同分子照光會吸收特定能量，而不同的光線則造成不同的能階跳躍，其儀器配置原理如圖 3-6 所示，包含光源、波長選擇器或濾波器、檢測器和電腦處理器等。

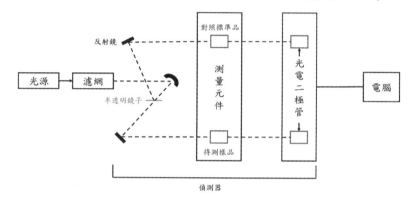

圖 3-6 紫外光測試儀配置原理示意圖

（二） 紅外線光譜測定儀 (Infrared spectroscopy)

紅外線波長為 400~14000 nm，利用分光鏡可將紅外光分成兩道光線，與樣品接觸後光線會穿透或反射，因樣品分子構造的特性造成分子振動結果，如圖 3-8。衰減全反射 Attenuated total reflection(ATR) 是以常用的 FTIR（傅立葉紅外線分析儀）採樣模式來分析生物材料表面，如圖 3-7。而可集中光束，則是在偵測量口形成不同的干涉圖，經頻譜分析後，即可得知樣品表面特性，如圖 3-9。

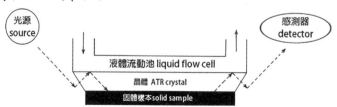

圖 3-7 全反射紅外線光譜測定儀特徵示意圖

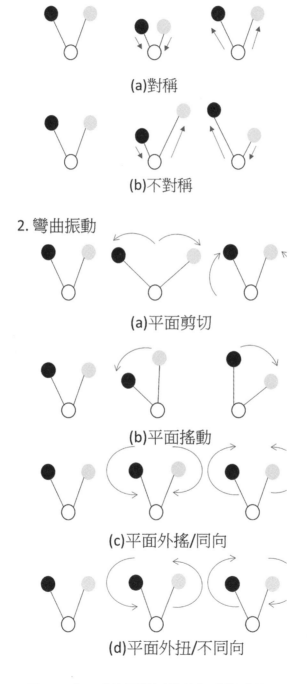

1. 彈性振動(伸縮)

(a)對稱

(b)不對稱

2. 彎曲振動

(a)平面剪切

(b)平面搖動

(c)平面外搖/同向

(d)平面外扭/不同向

圖 3-8 分子受能量激活後的振動模式圖

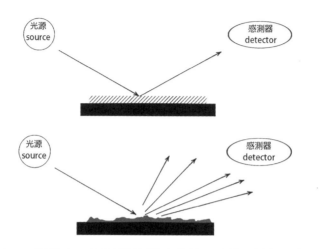

圖 3-9 樣品表面光滑與粗糙產生漫反射紅外線關係圖

（三） 紫外光與紅外光分析之比較

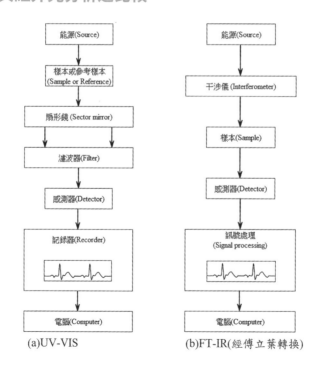

(a)UV-VIS　　　　　　　(b)FT-IR(經傳立葉轉換)

3-10 紫外光與紅外光分析方法比較圖

（四）光學顯微鏡 (Light microscopy)

圖 3-11 光學顯微鏡分析原理圖

（五）電子顯微鏡 (Electron microscopy)

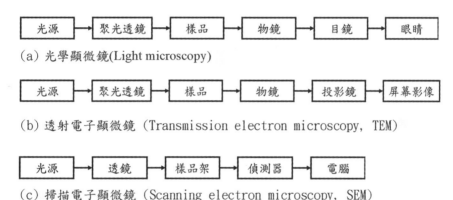

圖 3-12 光學顯微鏡與電子顯微鏡分析原理比較圖

（六）色譜法 (Chromatograph)

「色譜法」是一種將材料成分分離和分析的方法，在分析化學、有機化學、生物化學等領域上，有著非常廣泛的應用。

色譜法乃利用不同物質在不同相態的選擇性分配，以流動相對固定相中的混合物進行洗脫，由於混合物中不同的物質會以不同的速度沿固定相移動，最終達到分離和檢測的效果，進而偵測濃度極低的雜質。

MEMO

Chapter 04

金屬生醫材料

在這個章節中，
我們希望帶領讀者了解金屬在生醫材料中的應用，並且
認識金屬的基本特性及其分類。

4

金屬生醫材料

一、金屬生醫材料介紹

金屬有優良電、熱導體和機械性質。最早使用於醫學的金屬是釩鋼 (Vanadium Steel)，用於骨板、骨釘。大多數金屬 (Fe、Cr、Co、Ni、Ti、Ta、Nb、MO、W) 只被用來做合金的醫用植入物。雖然金屬元素在人體中是必要的，例如：鈷對合成維生素 B12 及紅血球功能扮演重要角色，但仍不能過量。

表 4-1 合金密度比較表

Alloys	Density (g/cm3)
鈦合金	4.5
316 不鏽鋼	7.9
CoCrMo	8.3
CoCrNiMo	9.2
NiTi	6.7

(一) 金屬生醫材料用途

金屬生醫材料的用途廣泛，其原因包括：

1. 良好的生物相容性
2. 良好的耐腐蝕性
3. 強度高、耐磨耗
4. 良好的機械性質

5. 高彈性模數、高降伏點（可承受高負載，不易導致大變形）

　　但金屬生醫材料也有其缺點，包括：

1. 密度大，使得設計出來的產品笨重
2. 易生鏽，導致材料破壞
3. 絕緣性差
4. 缺乏色彩
5. 加工成本高

（二） 金屬生醫材料臨床應用

1. **假體**：用以更換本體的一部分，例如關節、長骨、顱骨板等。
2. **固定裝置**：用於穩定骨折和其他組織，使該組織正常癒合。例如：骨板、髓內釘、縫線等。

表 4-2 金屬生醫材料常見的應用表

Metals	Applications
鈷鉻合金 (Cobalt-Chromium alloys)	人工心瓣膜、假牙、骨板、人工關節、血管支架
金和白金 (Gold and Platinum)	牙科填充物、電極
銀銅合金 (Siver-tin-copper alloys)	牙科用合金
不鏽鋼 (Stainless steel)	假牙、骨科固定裝置、血管支架
鈦合金 (Titanium alloys)	人工心瓣膜、牙科植入物、人工關節、骨釘、血管支架

二、常見的金屬生醫材料及應用

（一）鈦合金

最常見用於醫材，因為輕且元素含量多。1930 年後開始應用，並取代不鏽鋼和鈷鉻鉬合金(Vitallium)。手術植入用的商業純鈦（又稱為 CP 鈦）分成 4 等級，差別在 O、Fe、N 等元素成分的控制，因為氧的成分對延展性和強度有大程度的影響。

鈦在 1795 年被發現，活性極大。但鈦不會以純金屬的形式存在，主要以金紅石(TiO_2)、鈦鐵礦($FeTiO_2$)的形式存在。1954 年，美國研發出第一種鈦合金（工業用）：Ti-6Al-4V。

鈦合金的優點包含：

1. 強度高（抗拉強度／密度）
2. 耐腐蝕性佳
3. 彈性模數低（約 100GPa、為鋼的 1/2）
4. 降伏強度高
5. 耐熱性好（熔點 1668℃，最高使用溫度可達 600℃）
6. 低溫性能佳（在 -255℃下仍可保持足夠韌性及延展性，且熱傳導率低、膨脹係數小、無磁性。）
7. 生物相容性高
8. 熱傳導係數低（約鋼的 1/5）
9. 多彩氧化膜
10. 無磁性

鈦合金可大致分為 3 類：

1.α 型鈦：

- 可再分成商業用純鈦、α 鈦、近 α 鈦。
- 含有 α 穩定元素(Al、O)和中性元素(Sn、Zr)，退火後組織為單相 α，有良好組織穩定性、耐熱性及焊接性，強度高於工業用純鈦。

1.α-β 型鈦：

- 透過不同的熱處理，可獲得不同比例（10%～50%）形態的 β 相，產生不同的機械性質。
- 室溫強度高於 α 合金，熱加工性良好，但耐熱性及焊接性較 α 鈦差，一般使用溫度約 500℃。
- 含 5% 的 Al 及不同含量的 β 及中性元素。
- 常見的 Ti-6Al-4V 則為此類。

3.β 型鈦：

依 β 元素多寡，可分為「介穩型 β 鈦合金」及「穩定型 β 鈦合金」兩大類。其中「介穩型 β 鈦合金」含有臨界濃度以上的 β 穩定元素及少量的 Al（3%）。「介穩型 β 單相」具良好塑性，冷加工成形性優異，經時效處理可得高強度（1200MPa），但在 350℃ 以上熱穩定較差。

鈦合金在生物醫學的應用：

- 人工心瓣膜
- 牙科植入物
- 人工關節
- 骨科螺釘
- 心起博器
- 血管支架

　　不鏽鋼是重要的植入用合金，其優點是耐腐蝕性佳、耐熱性良好、且價格較低。第一個不鏽鋼植入物是由 18-8（302 型）製造，因釩鋼在體內耐腐蝕度不足，所以才被不鏽鋼取代。18-8sMo 不鏽鋼包含少量鉬 Mo，被用於生醫材料以改善在生理食鹽水中的耐腐蝕性。而 316 型不鏽鋼則在 1950 年代發展起來，其中碳含量從 0.08％降低至 0.03％，可提升其耐腐蝕性，以及降低其與氯化物作用，因此被稱為 316L 不鏽鋼。316 和 316L 不鏽鋼為最廣泛的金屬植入物。美國社會和材料協會（ASTM）測試，建議使用 316L 型不鏽鋼在生醫的應用上。

　　不鏽鋼的鉻含量至少 11％用以維持其耐腐性，而鋼表面的氧化鉻使其具優異的耐腐蝕性質。合金的強化方式主要以冷加工為主，使其降伏強度增加，隨後延性降低，而弱化合金使其機械強度降低的方式，則可以退火（Annealing）處理的方式，來提高材料延性和韌性，如圖 4-1 所示。

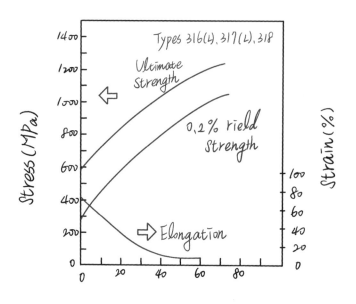

圖 4-1 不鏽鋼機械性質圖

不鏽鋼在生醫上的應用包含：

1. 骨科固定裝置：

可用於骨科固定裝置的有：髖關節 (316L)、髓內針 Intramedullary pins(316L 不鏽鋼)、下頜骨釘骨板 Mandibular staple bone plates(316L 不鏽鋼)、神經外科 Neurosurgery(420 不鏽鋼)。

2. 植入假體：

可植入的假體有：心臟起博器電極 (304 不鏽鋼)、人工心瓣膜 (316 不鏽鋼)、新血管支架 (316L 不鏽鋼)。可利用陽離子放電法改質，以提高耐腐蝕性、耐磨性，和提高 316L 的疲勞強度。亦適用於臨時植入裝置，例如：骨折固定裝置。

(三) 鈷鉻合金 Cobalt－Chromium Alloys

鈷鉻合金的家族種類很多，推薦使用於外科植入應用。由於鈷鉻合金的表面會形成鉻氧化膜，故其較不鏽鋼不耐磨，且生物相容性低。普遍用於骨科植入應用的鈷鉻合金型號有：鑄造鈷鎳鉬 (CoNiMo) 合金 (F75)、鍛造鈷鉻鎢鎳 (CoCrWNi) 合金 (F90)、鍛造鈷鎳鉻鉬 (CoNiCrMo) 合金 (F562)、鍛造鈷鎳鉻鉬鎢鐵 (CoNiCrMoWFe) 合金 (F563)。

以強度而言，鍛造合金的強度一般會大於鑄造合金的強度。最廣泛使用於醫療植入的鈷鉻合金為 F75、F562。若於合金中添加 Mo 可產生較細晶粒，有助於產生更高強度。而鉻則是可增強合金的耐腐蝕性。

鈷鎳鉻鉬 CoNiCrMo(F562) 合金的優點：

1. 在施加應力下並置於含有氯離子的海水中，可以表現出高度的耐腐蝕性。
2. 具卓越疲勞極限和拉伸強度，適合應用於需要很長的使用壽命的部位，例如髖關節等義肢。

鈷鉻合金的優點是低磨損、硬度高、耐腐蝕性高，優於不鏽鋼，但缺點是顆粒鈷對成骨細胞是有毒性的，且會抑制合成 Type I 型膠原蛋白。

　　鈷鉻合金的生醫應用範圍：

1. 人工心瓣膜
2. 假牙
3. 矯形固定板
4. 人工關節
5. 血管支架

三、金屬植入物的腐蝕性質

（一）腐蝕性質

　　腐蝕是金屬與其環境產生的化學反應。人體中的組織液含有水、氧、蛋白質，和各種氯化物以及氫氧化物的離子。因此對於金屬而言，人體是非常惡劣的植入環境。當金屬原子成為離子，進入溶液中造成導致其剝落或溶解時即會發生腐蝕，此時金屬植入物材料的耐腐蝕性，能便成為生物相容性中很重要的性質。

（二）腐蝕的型態

1. 金屬植入物的製造過程中，因晶格缺陷所引起的腐蝕，包含：

　　(1) 縫隙腐蝕(Crevice corrosion)：環境中的腐蝕性液體經裂隙進入材料中，無法自由流動，造成氧氣濃度差，增加裂隙處腐蝕速度。

　　(2) 空穴腐蝕

　　(3) 晶粒間腐蝕 (Intergranular corrosion)：通過鑄造製造的裝置通常具有多個晶粒，因此易受晶粒間腐蝕的影響。晶粒邊界將成為材料的陽極，而晶粒將成為陰極。

2. 機械環境所影響的腐蝕：

    (1) 壓力和電偶腐蝕

    (2) 壓力腐蝕開裂

    (3) 腐蝕疲勞

    (4) 微震腐蝕

若腐蝕是唯一問題，則貴重金屬是不易腐蝕的理想材料。例如：Au 廣泛用於牙科修復，但黃金強度不足，且成本高，所以無法廣泛應用在外科。

(三) 植入物腐蝕可能造成骨科手術失敗

部分骨科手術失敗，有可能是由於應力疲勞的原因造成，也有可能是金屬植入物在生理食鹽水環境中存在一定程度的腐蝕疲勞導致材料破壞，因此金屬的抗腐蝕性質，在生醫材料植入物中顯得格外重要。

MEMO

Chapter 05

生醫
高分子
材料

在這個章節中，
我們希望帶領讀者了解高分子材料在生醫材料中的應用，並且認識高分子的基本特性及常見的熱分析方法。

5
生醫高分子材料

一、高分子（聚合物）的分子結構

高分子鏈可以以四種方式排列：

1. 線性 (Linear)
2. 分支 (Branched)
3. 交聯 (Cross-linked)
4. 網狀 (Three-dimensional network)

而共聚合物的類型，又可以分為四種：

1. 隨機共聚物 (Radom copolymer)：圖 5-1(a)
2. 交錯共聚物 (Alternating copolymer)：圖 5-1(b)
3. 區段共聚物 (Block copolymer)：圖 5-1(c)
4. 接枝共聚物 (Graft copolymer)：圖 5-1(d)

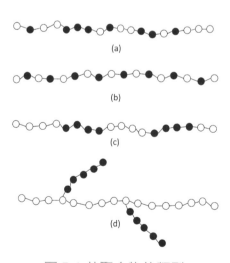

(a)

(b)

(c)

(d)

圖 5-1 共聚合物的類型

高分子材料的機械性質以及熱性質，與其分子組態和側支原子或原子群有關。側支原子群之規則與對稱性顯著地影響其性質，而可影響結晶度百分比的因素有：

1. 側支原子群
2. 接枝或交聯程度
3. 立構異構性
4. 共聚合物的規律性

二、生醫高分子的熱分析 (Thermal analysis)

(一) 熱分析技術

所謂的「熱分析技術」，指的是在程式控制溫度下，測量物質的「物理性質和溫度的關係」的一種技術。而所謂的「程式控制溫度」，意指線性升溫或線性降溫，同時也包含恆溫、迴圈或非線性升溫、降溫等。也就是說，透過測定物質加熱或冷卻過程中物理性質的變化，可研究物質性質及其變化。

物理變化和化學變化，要先有焓變 (ΔH)，且物理變化和化學變化也常伴隨品質、機械性能和力學性能的變化。

1. **常見物理變化**：熔化、沸騰、昇華、結晶轉變。
2. **常見化學變化**：脫水、降解、分解、氧化還原、化合反應。

(一) 常見 DSC 的種類

差示掃描量熱法 DSC(Differential scanning calorimetry) 是指記錄樣本和參考物之間的「熱流差」與「溫度函數」。又可分為下列兩種類型：

1. 功率補償型 DSC(Power-compensated DSC)：

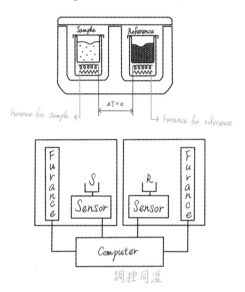

圖 5-2 功率補償型 DSC 特徵示意圖

　　「功率補償型」這類型的 DSC 現在較為常見，樣品和參考元件由各別加熱器加熱，元件之間的溫差保持接近零。然後比較維持這個相等溫度所需的功率。可調控溫度不互相干擾。若吸熱太快、火力下降，放熱太快、火力上升。

2. 熱流量型 DSC(Heat-flux DSC)：

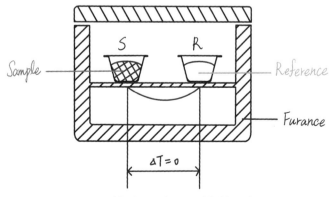

圖 5-3 熱流量型 DSC 特徵示意圖

所謂的「熱流量型」指的是樣品和參考元件由相同的加熱器加熱，並測量兩個元件之間的溫差，然後將溫差轉換成熱流量。因為兩元件之間會有熱流互相干擾，所以現在已經逐漸淘汰這類儀器。

在這裡以聚乳酸(PLA)的 DSC 熱分析圖為範例，在加熱斜率（10℃ /min）期間，材料在 50~60℃ 出現玻璃轉化溫度(Tg)，冷結晶和熔融發生，並且在冷卻（10℃ /min）期間，觀察到材料的再結晶現象。

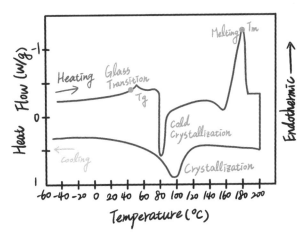

圖 5-4 聚乳酸的 DSC 圖

三、常見的生醫高分子材料

(一) 聚乙烯 (Polyethylene, PE)

聚乙烯是最常見高分子，主要可分為：

1. **低密度聚乙烯**：用於心導管。
2. **高密度聚乙烯**
3. **超高分子量聚乙烯**：用於人工關節和骨折固定裝置。

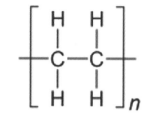

圖 5-5 聚乙烯化學結構示意圖

圖 5-6 高密度聚乙烯結構示意圖

圖 5-7 低密度聚乙烯結構示意圖

（二） 聚甲基丙烯酸甲酯 (PMMA)

　　廣泛應用於醫療，因為生物相容性高，且無毒性，所以主要應用於血液幫浦、血液透析機的膜、假牙、骨水泥(Bone Cement)、硬式隱形眼鏡。長戴型軟式隱形眼鏡則是以其衍生物 PHEMA 所製成。

HEMA：　　　　　　　　　　　　　　　PHEMA：

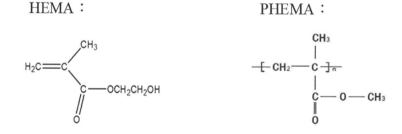

圖 5-8 PHEMA 單體及聚合物化學結構示意圖

（三）聚酯類高分子

較知名的聚酯類高分子材料有「達克隆」、「聚乳酸」及「聚甘醇酸」或其共聚物。其中「達克隆」主要應用於大口徑人工血管（內徑 10 mm 以上）、人工心臟瓣膜縫合布圈、人工韌帶等。

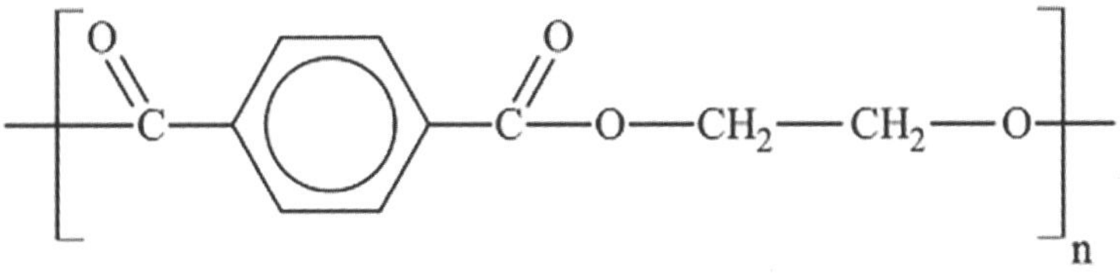

圖 5-9 聚酯類高分子達克隆化學結構示意圖

至於「聚乳酸」(PLA) 其材質質地較硬、強度較高，而「聚甘醇酸」(PLGA) 質地較軟、強度較低，將二者混合可取得平衡。主要應用於骨固定裝置、手術縫線、藥物控制釋放載體、整形移植材料和組織工程支架等。

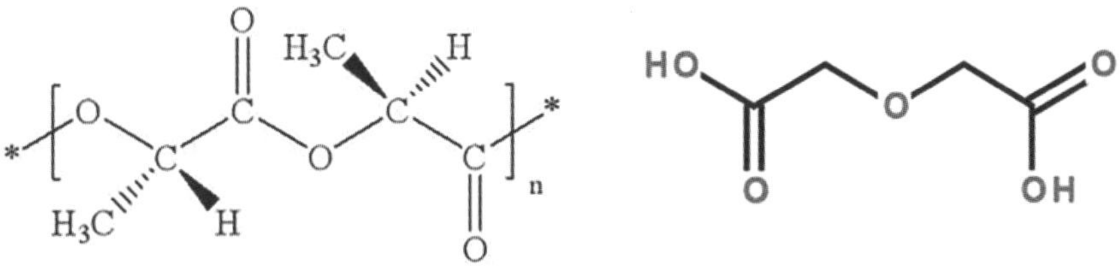

圖 5-10 聚乳酸及單體化學結構示意圖

（四）高分子量聚己內酯 (PCL)

聚己內酯具生物可分解性，但由於分解後的單體具細胞毒性，所以只大量用於外傷耗材，主要應用於骨板、繃帶等產品。

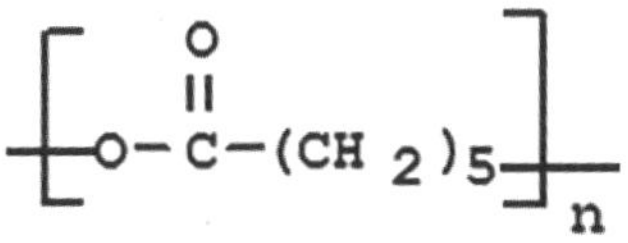

圖 5-11 聚己內酯化學結構示意圖

(五) 矽膠 (Silicones)

矽膠材質的優點很多，包含：熱穩定度高(Thermal Stability)（100～250℃範圍內性能的恆定性好），且為高氣體滲透率（透氧率高），在室溫（25℃）下，氧氣在矽膠的滲透性約為丁基橡膠的 400 倍。此外，矽膠具有低毒性、低化學反應、具彈性及為良好絕緣體，因此廣泛應用在生醫材料上，例如人工心瓣膜的球閥、人工血管、手術填充物。

(六) 天然高分子材料 (Natural Materials)

因為天然材料是從動植物中萃取而來，因此天然材料具有優良的生物相容性質，但他們比合成材料更難以化學或物理改質，例如：海藻、珊瑚、蠶絲、豬皮、豬軟骨、雞冠、玻尿酸。以下舉出三種常見的天然高分子材料：

1. 膠原蛋白 (Collagen)：

因膠原蛋白是由甘胺酸(Glycine)、脯胺酸(Proline)和羥脯胺酸(Hydroxyproline) 三單體重複排列組成，由於屬於三股螺旋(Triple-chain)的結構，所以韌性高、彈性好。在人體的皮膚、軟骨、韌帶中可見膠原蛋白。

膠原蛋白共有十一種型態，以下為常見的三種型態及其主要分布的器官組織：

Type I：皮膚、牙齒、骨頭、韌帶。

Type II：軟骨。

Type III：皮膚、韌帶、血管、結締組織。

2. 玻尿酸 (Hyaluronic Acid)

1934 年卡爾‧邁耶和他的助手約翰‧帕爾默從牛眼睛的玻璃體中分離出新的葡萄糖胺聚醣，將其稱之為玻尿酸，其主要應用於化妝品、整形外科、生醫材料上。玻尿酸屬葡萄糖胺聚醣，可做手術預防沾黏。另外，可用在水晶體、皮膚、毛囊重建、軟骨修復，以及補充膠原蛋白流失等。

3. 水凝膠 (Hydrogel)

水凝膠材料組成具有親水性，通常具有極高的含水量（90％以上），所以可模擬軟組織機械性能，而其高含水量，還可使營養物質和細胞代謝廢物在材料中擴散。使用時，可由溫度調控其形態或調製特定的組織或應用，甚至可以就地膠凝化 (Gelled in situ)。就地膠凝可以促進該材料送達至局部的區域後進行聚合反應，而凝膠也可以符合傷口或缺陷的幾何形狀。另外，還可選擇由可降解或不可降解的聚合物而製成。水凝膠常用於添加在藥物、酵素、細胞生長因子中，藉由擴散作用或降解作用，將藥物成分釋放出來。

MEMO

Chapter 06

陶瓷

在這個章節中，
我們希望帶領讀者了解陶瓷材料在生醫材料中的分類及
其特性，並且認識陶瓷在生醫材料中的應用。

6

陶瓷

一、生醫陶瓷材料

　　一般我們提到陶瓷，難免會聯想到黏土或長石等，其實陶瓷在生醫材料的應用上行之有年。在這個領域中，陶瓷的廣泛定義是指金屬與非金屬化合物所形成的複合物，而更嚴格的定義，則是指矽酸鹽、氧化物、碳化物、氮化物、矽化物等化合物及其衍生物。

　　陶瓷的優點很多，如：高彈性模數、高硬度、耐磨耗、高壓縮強度、高熱傳係數、低膨脹係數、高熔點、耐高溫、具化學穩定性、耐腐蝕等。反之，其缺點是脆性太高了。

（一）生醫陶瓷材料分類

1. **生物惰性材料**（Nearly inert ceramics）：Al_2O_3、SiO_2。
2. **表面活性陶瓷材料**（Surface reactive ceramics）：Bio glass、AW-GC、$Ca_{10}(PO_4)_6(OH)_2$。
3. **可吸收性材料**（Resorbable ceramics）：$Ca_3(PO_4)_2$、$CaCO_3$。

（二）生醫陶瓷的必備特性

　　生醫陶瓷在選擇上須包含無毒、非致癌性、非過敏性、非發炎性、並且具備可助組織再生、可與組織整合共存等特性。在特定的醫學應用上，有接近該組織的機械性質，例如：牙冠植入物。且陶瓷與人體骨骼有相似的化學及機械性質，例如：矯正植入物、人工關節材質表面塗層等。

二、常見生醫陶瓷材料

常見生醫陶瓷材料，大致可分為以下九類：

(一) 矽酸鹽類陶瓷 (Silicate ceramics)

矽酸鹽類陶瓷化學式為 $Al_2(Si_2O_5)(OH)_4$，為層狀矽酸鹽類，由矽和氧元素所組成，是地球表面蘊藏最豐富的元素，像是土壤岩石黏土和砂都是屬於矽酸鹽類，矽氧四面體是矽酸鹽的基本單元。矽酸鹽類陶瓷之層間可吸附帶有正電荷或負電荷的藥物做為藥物釋放載體，常見的矽酸鹽陶瓷有：滑石、雲母和高嶺土等。

(二) 氧化鋁 (Aluminum oxides)

氧化鋁為高穩定氧化物，化學惰性強，主要來源是鋁土礦 (Bauxite) 和天然剛玉 (Native corundum)。氧化鋁之特性為斷裂韌度高、抗拉強度高、耐磨性低、硬度高 (20~30GPa)，因此目前多利用來作為骨固定裝置、牙科填充物等。

(三) 氧化鎬 (Zirconia)

由於氧化鎬具有生物相容性高、耐磨性高及化學穩定性佳的特性，且抗彎曲強度和斷裂韌性優於氧化鋁，因此已逐漸取代 Al_2O_3 和金屬的生醫用途，常用於骨科植入物，如：骨釘、骨板等。

(四) 碳 (Carbon)

碳具有低密度（質輕）、熱傳導性好、耐腐蝕、低彈性、低膨脹係數等特性。

碳有四種型態，分別為：鑽石、石墨 (Graphite)、巴克球 (Buckminster fullerene)、奈米碳管 (Nanotube)。其中，巴克球是碳六十的球狀結構，可負載 DNA，作為基因治療的載體。

(五) 碳酸鈣和羥基磷灰石 (Hydroxyapatite)

碳酸鈣和羥基磷灰石具高生物相容性，並具有活化組織增生的能力。兩者皆為結晶性鹽類，與骨頭成分相近，可以與硬組織形成化學鍵結，另外，由於這類材料亦為可降解性支架、可被組織吸收分解，故具有可發展為骨科植入物的潛力。常見醫療用羥基磷灰石 (Hydroxyapatite) 奈米複合材料之結構，如圖 6-1 所示。

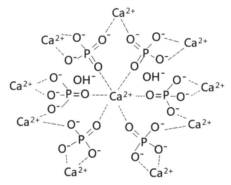

圖 6-1 Hydroxyapatite 奈米複合材料結構圖

碳酸鈣和羥基磷灰石這類材料的強度取決於：晶粒大小、密度、孔隙度 (Porosity)、燒結溫度 (Sintering temperature) 等。當燒結溫度上升、孔隙度下降，則強度增加。其最大缺點是不易成型。

(六) 三鈣磷酸鹽 (Tricalcium phosphate)

三鈣磷酸鹽的組成類似於羥基磷灰石，這類材料的降解速度大於磷酸鈣。其成分可強化骨骼修復，可被組織吸收分解，最終被內源性組織所取代。

(七) 生物陶瓷

「生物陶瓷」可促進骨細胞增生，常應用於植牙，且為骨移植的替代材料。缺點是高脆性 (Brittleness)，以及不能承受高負荷。

(八) 非結晶陶瓷

非結晶陶瓷中最常見的，就是矽氧四面體、和其他離子群結合而形成的非晶質的網狀結構固體。而其中，玻璃就是最典型的非結晶陶瓷，常見的產品為矽酸鹽玻璃，係由 SiO_2 組成，多半含其他氧化物，這些氧化物可做為玻璃的形成劑、中間劑 (Intermediates)、修飾劑 (Modifiers)。這類材料的共同缺點是具高脆性。在生醫上可應用於整型及牙科植入塗層、牙科植入物、骨接枝替代物材料。

(九) 奈米陶瓷 (Nanoceramics)

奈米陶瓷的結晶密度愈高，則強度愈強、韌性愈大。可替代工程陶瓷使用。其合成來源可由原子、分子、奈米材料等層層堆積反應獲得，也可以藉由材料降解，切割成小分子奈米材料而加以應用。其特性包含密度小、硬度高、耐磨性高、化學性質穩定、高斷裂韌度、低溫延展性佳。當利用燒結 (Sintering) 處理降低溫度時，則較有機會得到較好力學性能的奈米陶瓷。

奈米陶瓷不同維度型態會有著不同的物化特徵與應用。依不同維度，可分為奈米粉末（零維）、奈米纖維（一維）、奈米薄膜（二維）、奈米塊體（三維）四類型態。奈米陶瓷粉體具有較大的比表面積以及較高的化學性能，奈米纖維可應用於微導線、微光纖（量子計算機與光子計算機的重要元件）材料、新型雷射或發光二極管材料等。

當奈米陶瓷粉體的分子結構堆積均勻時，則材料的孔隙小、強度大；反之，當分子結構堆積不均勻時，材料的孔隙大、強度較弱。二維的奈米膜可用於光敏材料、氣體感測材料。而三維的奈米塊體可將奈米粉末高壓成型而得，可應用於超高強度材料、智慧金屬材料。

Chapter 07

天然
生醫材料

在這個章節中，
我們希望帶領讀者認識可作為生醫材料的天然物，並且
了解常見的天然生醫材料之特性及其應用。

7

天然生醫材料

一、天然生醫材料的安全性要求

接觸人體的植入物必須要符合不傷害人體，而且要能取代或輔助原本體內器官的功能性，例如：骨板植入後，需要一定的支撐力讓受傷的骨骼有機會癒合，當然植入物本身及其代謝物皆不能有害人體組織，所以生醫材料需符合：

1. **無毒**，除了材料本身不能有毒外，其代謝後的產物也不能對組織有傷害性。
2. **無發炎性**，材料及其降解產物或代謝物不能引起組織紅、腫、熱、痛的反應。
3. **無致敏性**，材料及其衍生物不能誘發組織之過敏反應。
4. **具有足夠的機械支撐力**，以滿足植入物植入的目的。
5. **在需要時能夠誘導細胞貼附和正常分化**，以促進傷口癒合及植入物穩定存在於組織中。

二、常見的天然生醫材料

下列為常見的天然生醫材料：膠原蛋白 (Collagen)、彈力素 (Elastin)、絲 (Silk)、甲殼素 (Chitosan)、纖維素 (Cellulose)、海藻酸鈉 (Alginate)、透明酸質 (Hyaluronan)、軟骨膠硫酸鹽 (Chondroitin sulfate)、軟骨素 (Chondroitin) 與珊瑚 (Coral)。

以下就各種常見的天然生醫材料做說明。

(一) 膠原蛋白

1. 膠原蛋白的特徵

　　膠原蛋白是生物體內含量最多的蛋白質,例如:皮下組織、骨骼、肌肉、韌帶、血管等,如表 7-1。不同組織所表現的彈性、張力、結構之所以皆不同,就是因為膠原蛋白的種類及排列方式不同所造成,如圖 7-1。由於膠原蛋白是組織再生及修復時所需之必要元素,因此膠原蛋白製成的管狀皮瓣可用來作為引導末稍神經再生的工具。此外膠原蛋白也應用作為敷料,廣泛用於臨床上的傷口照護。目前許多藥物開發也利用膠原蛋白作為藥物賦形劑,扮演藥物傳遞系統的媒介角色。

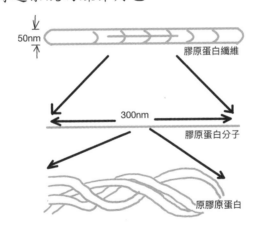

圖 7-1 膠原蛋白結構特徵示意圖

2. 細胞外裁切原膠原蛋白 (Procollagen) 分子

　　細胞經轉錄轉譯作用生成「膠原蛋白原」分子,隨即釋出到細胞外。膠原蛋白原釋出到細胞外時,就會由 N- 和 C- Procollagen peptidases 裁切掉末端的胜肽鏈,並進一步組合,而完成的三股螺旋結構,即為「原膠原蛋白」(Tropocollagen) (圖 7-1)。

表 7-1 膠原蛋白分類表

膠原蛋白分類		
種類	組織分布位置	細胞來源
I	鬆散和緻密結締組織	纖維和網狀細胞，平滑肌細胞
	纖維軟骨	纖維母細胞
	硬骨	骨母細胞
	牙本質	造骨細胞
II	透明軟骨，彈性軟骨	軟骨細胞
	眼球玻璃體	視網膜細胞
III	鬆散結締組織，網狀纖維	纖維母細胞
	真皮乳突部	纖維母細胞
	血管	平滑肌細胞，內皮細胞
IV	基底膜	上皮和內皮細胞

（二）彈力素

彈力素是一種不溶於水的細胞外蛋白質，大小約 70kDa。

彈力素分布：皮膚（2-4%）、肺（30%）、動脈（5%），其他如：椎間盤、膀胱等。

彈力素具有下列五點特性：

1. 維持組織形狀。
2. 變形時可儲存能量，具回彈力。
3. 彈力素除了會受彈力素酶(Elastase)分解之外，可抗酸、鹼、蛋白酶。
4. 可伸縮。
5. 穩定性佳，半衰期約 70 年。

彈力素主要成分為原纖維蛋白(Fibrillian)，由 786 個胺基酸組成，其中 75% 為厭水性。彈力素為不規則排列，在螺旋結構鏈間具共價鍵，且不溶於水。

生物體內彈力素的合成，是由原彈性蛋白(Tropoelastin)先自行組合，再經離胺基氧化酶(Lysyl oxidase)形成鏈間鍵結，最終形成彈力素。

目前含有彈力素成分的醫療植入物，已應用作為燒燙傷敷料、人工血管、主動脈瓣膜、心臟瓣膜之移植物。

彈力素的缺點是易引起鈣化(Calcification)，若想減少鈣化程度，可利用放射線、氧化鋁或醯疊氮交聯(Acyl azide cross-linking)預處理，即可減少鈣化的影響。

彈力素很難純化，若要取得純化的彈力素，可利用將多條彈力素胜肽鏈聚合的方式，透過化學反應或重組基因工程來完成。而製程中進一步使用化學反應、酵素及放射線照射等方式介入時，可以得到不同形態的彈力素，例如：片狀、長條、管狀等，若能在設計中結合細胞或藥物貼附位置，就能提升生醫材料的功能性，讓細胞能更輕易地貼附、存活在材料上，除了可增加生物相容性，在作為藥劑開發時也能進一步調控藥物釋出的時間，如圖 7-2。

圖 7-2 修飾過後的彈力素聚合物增加了細胞或藥物結合的位置（球狀）

胜肽序列 [Valine-proline-glycine-X-glycine]$_n$ 是合成的彈力素的主要單體，其中 X 可以為 proline 以外任何一種胺基酸，如此一來聚合的彈力素就很多樣化。

重組基因工程合成所得的彈力素具有反相溫度 (Inverse transition temperature, Tt) 的特性，即水溶性的彈力素在溫度上升接近臨界溫度 Tt 時，就成了非水溶性。利用這個特性，當我們改變 X 為不同的胺基酸時，也會得到具有不同 Tt 的彈力素，這將會使操作者較容易合成所需軟硬度的成品。

(三) 絲

絲的來源有：蠶、蜘蛛、蠍子、蠅等生物吐出的絲，一般由繭抽取而得。

絲有以下特性：

1. 不溶於水，對弱酸、弱鹼和多數有機溶劑有抗性。
2. 對多數蛋白酶具抗性。
3. 在濃硫酸中可降解。
4. 具吸濕性 (Hygroscopic)。
5. 可承受 650Mpa 的彈性強度。
6. 具彈性。
7. 導電性差。

由於絲具有高度生物相容性，其降解速度慢，而且具有強機械支撐力，所以常見於將絲開發運用於外科手術用的縫線。

絲主要由絲膠 (Sericin) 及絲心蛋白 (Fibroin) 組成，不同的蠶蛾科生物製造出來的絲比例略有出入，所以絲的質地也不同，例如：家蠶製造的絲其組成中，絲心蛋白與絲膠的比例約為 2：1。其中絲膠是天然的巨分子蛋白，作為絲心蛋白貼附成繭的橋樑，由於絲膠是一種無定型分子，在絲的

整體結構中，主要扮演黏合其他組成分子以維持絲的完整性的角色。至於絲心蛋白則屬於纖維蛋白，組成的分子結構為重鏈、輕鏈及醣蛋白，較絲膠的水溶性差，為半結晶體的聚合物。現今的生物科技，已經可以利用特定的突變蠶種之絲腺體分泌出特定的絲。以下分別介紹絲膠以及絲心蛋白的特性。

1. 絲膠的特性

- 冷水中不溶
- 易水解
- 在熱水中可溶
- 具抗氧化性
- 具抗菌性
- 抗 UV 性質
- 容易吸收和釋出水分

2. 絲心蛋白的特性

由三種初級胜肽組成：重鏈 (Heavy chain)、輕鏈 (Light chain) 和 Fibrohexamerin。其中 Fibrohexamerin 是一種帶有雙硫鍵的醣蛋白，在整體絲心蛋白中佔比最少。

(四) 殼聚醣

殼聚醣屬於多醣的聚合物，是由幾丁質 (Chitin) 脫乙醯化作用製成，如圖 7-3，成品有可能是直鏈或支鏈狀，其物理特性由組成的單醣種類、有無分支結構、及分子量大小決定。幾丁質又名甲殼素，其來源為：黴菌細胞壁、昆蟲的外皮、帶殼海鮮的外骨骼等。殼聚醣的彈性來源則是由組成的幾丁質所決定，如圖 7-3。

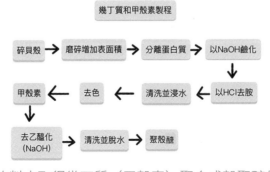

N-乙醯–D–葡萄糖胺
（幾丁質聚合鏈單體）

去乙醯基官能基
（去乙醯化程度，DCC）

完全乙醯化的殼聚醣

圖 7-3 幾丁質與完全乙醯化的殼聚醣結構特性圖

　　殼聚醣的製備需要先將原物料（如蝦殼）磨碎，再利用強鹼除去蛋白質，續以強酸處理以清除內含的礦物質，讓所得的生成物在強鹼高溫的環境下得以產生去乙醯化反應，如圖 7-4，此反應的 pKa 接近 6.5 左右，因此，終產物殼聚醣的胺基在酸性及中性溶液中帶正電荷，同時也代表殼聚醣可溶於酸性及中性溶液中。殼聚醣帶正電荷之多寡，與溶液 pH 值及純化過程中去乙醯化程度有關，如圖 7-3、圖 7-4。由於帶正電荷的殼聚糖可提供形成氫鍵及離子鍵的官能基，同時也能供帶負電的黏膜吸附，所以殼聚醣可作為需要生物貼附性及止血敷料的原料。再者，由於殼聚醣具有很多氫氧基及胺基，因此很容易利用化學反應修改成其他的衍生物，供市場開發利用。此外，殼聚醣可溶於水，所以在水溶液中容易製成纖維、薄膜、凝膠、或多孔性材料，因此應用性很廣。

幾丁質和甲殼素製程

碎貝殼 → 磨碎增加表面積 → 分離蛋白質 → 以NaOH鹼化

甲殼素 ← 去色 ← 清洗並浸水 ← 以HCl去胺

去乙醯化（NaOH） → 清洗並脫水 → 聚殼醣

圖 7-4 由原物料中取得幾丁質（甲殼素）聚合成殼聚醣的製程流程圖

殼聚醣可透過溶菌酶（lysozymes）及水解反應降解，而殼聚醣在體內的降解則受其去乙醯化程度及結晶程度影響，通常去乙醯化程度愈高，結晶程度愈高，則降解速度愈慢。殼聚醣降解也受到成品滅菌方式影響，例如：氣體滅菌、蒸氣滅菌、γ 射線滅菌等會減少支鏈的穩定性，提高降解速率。除了影響降解速率外，殼聚醣去乙醯化程度愈高，愈有助於細胞的貼附性及存活率提升，及組織纖維化程度，這些作用都有助於傷口癒合加速，因此，殼聚醣多用於敷料開發的原料，相反的，殼聚醣去乙醯化的程度愈大，反而會減緩骨質新生（Osteogenesis）的能力。

（五）纖維素

纖維素的化學式為 $(C_6H_{10}O_5)_n$，為線性多醣聚合物，屬於 β- 葡聚糖(Glucan) 類，由 D- 葡萄糖作為單體聚合而成，如圖 7-5。纖維素可由植物、細菌、原核生物分泌而得，如：醋桿菌 (Acetobacter)、根瘤菌 (Rhizobium)、農桿菌 (Agrobacterium) 和海藻等。

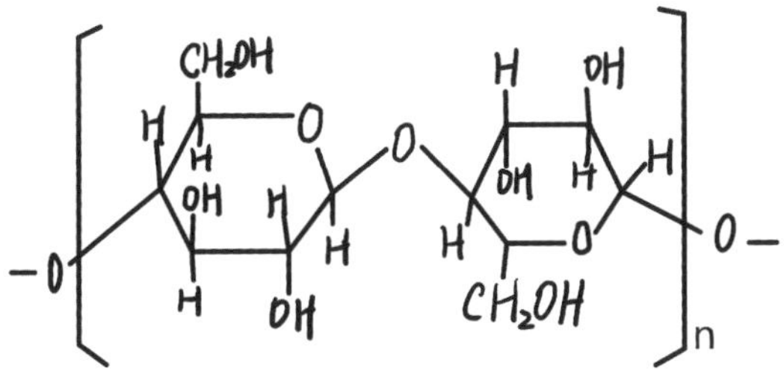

圖 7-5 纖維素結構示意圖

纖維素在大自然中分布很廣，是一種便宜、容易取得的聚合物材料。纖維素的單體為 β-glucose，以反向排列（Trans），即碳 -1 的 - OH 和反向碳 -6 的碳相鏈結形成之聚合物，如圖 7-6。而常見的澱粉則是由 α-glucose 作為單體，以順向排列聚合（Cis），即碳 -1 的 - OH 和同方向的碳 -6 的碳形成鏈結之聚合物。

長鏈的纖維素會趨向以纖維二糖(Cellobiose)作為單體的形式聚合，如圖 7-6，每一個纖維二糖含有 8 個醇基及 3 個醚，這樣的結構有助於形成分子間的鍵結及結晶化的產物，並在長鏈聚合物的兩端形成非還原端及還原端的結構，由於纖維二糖可提供多個分子間及長鏈間結合的位置，因此終產物結構緻密形成不溶於水的特性。

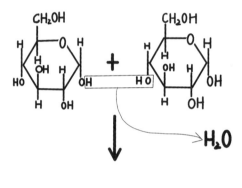

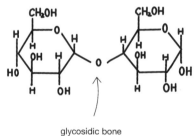

glycosidic bone

圖 7-6 纖維素合成示意圖

　　排列較無序或結晶不完整的區域，纖維素鏈愈容易和其他分子鏈結，因此，將它浸泡在水裡時，這些區域會吸收大量的水分子，形成纖維素特有的高吸水性。

　　纖維素的黏滯性，和纖維素本身的分子量、來源以及純化過程有關。一般而言，多數的纖維素無味無臭，且具有親水性。

　　目前已知纖維素的結構有四種次分類，纖維素 I 和纖維素 II 在鹼性(NH4)環境下可組成纖維素 III，加熱後即可轉化成纖維素 IV。

(六) 海藻酸

海藻酸是無支鏈帶陰離子的多醣共聚合物，由假單胞菌屬 (Pseudomonas) 和固氮菌屬 (Azotobacter) 的細菌製造分泌而得，也可從海藻中萃取得到。

海藻酸和二價陽離子鍵結後，其特性可從黏稠液體到擬塑性流體。

海藻酸的特質受共聚合物的成分及去乙醯化程度左右。由於海藻酸具有良好的生物相容性及易改質的特性，因此得到不少材料商的青睞，以下是海藻酸的特性：

1. 親水性。
2. 無毒性，對動物細胞及組織不具毒性。
3. 無發炎性，不會誘發發炎反應。
4. 在水中易修飾其結構。
5. 能夠快速吸收水分。
6. 具生物可降解性，可在生物體內分解，分解後產物不具毒性。
7. 可控制多孔性程度，以海藻酸為基質創造多孔性材料時，其孔隙大小、數量、分佈等皆容易控制。
8. 可與生物活性分子鏈結，可修飾成攜帶活性分子的載體。
9. 很好的黏膜吸附劑，特別是末端有 -COOH 官能基出現時。

目前已知海藻酸可製成膠狀供細胞培養時使用，也可作為載體包覆養分、蛋白質或藥物傳輸之用。

(七) 透明質酸

透明質酸 (Hyaluronan) 又名玻尿酸，是一直鏈型的多醣，結構上含有多個負離子官能基，具親水性。自然界中萃取而得的透明質酸為高分子無

硫醣胺聚醣(Glycosaminoglycan)，可從動物的細胞間質、結締組織、上皮組織、神經組織、玻璃體、滑液囊及臍帶中取得。透明質酸主要在細胞膜上合成聚合鏈，以各種雙醣作為單體進行聚合反應，如：α-1,4-D-glucuronic acid，β-1,3-N-acetyl-D-glucosamine 等雙醣，可在 β-1,4 及 β-1,3 形成醣苷鍵(Glycosidic binds)。

透明質酸的黏滯性恰足以在體內作為潤滑及防震作用；而它的多離子結構則可作為清除自由基之抗氧化性，緩和發炎反應。因此，在胚胎發育、組織再生、傷口癒合的過程中，都可發現透明質酸參與其間。由於透明質酸自有的化學特性易於添加官能基修飾其結構，修飾過後的透明質酸能夠參與的生理反應多樣化，所以衍生出的產品廣泛應用於骨科、皮膚科、心血管系統等，作為潤滑劑、抗氧化劑、防震填著劑等。

生醫材料用的透明質酸可從臍帶、雞冠、滑液囊、玻璃體萃取而得，也可經由鏈球菌屬細菌發酵萃取而得。得到的透明質酸再經官能基修飾後，可增加生物相容性，提升市場利用價值，常見修飾透明質酸的方法有酯化反應(Esterification)、碳二亞胺(Carbodiimide)介入性反應、硫酸化反應(Sulfation)等。

酯化反應後的透明質酸厭水性較高，質地也較硬，較能對抗酵素的降解作用。

(八) 軟骨素 (Chondroitin sulfate)

軟骨素屬於糖胺聚醣(Sulfated glycosaminoglycan)，天然的軟骨素不具支鏈，是胞外基質的主要成分之一，主要功能在於維持結構的完整性。

軟骨素的主鏈結構，是由超過 100 個雙醣為單體的無支鏈聚合物，常見的雙醣為：N-acetyl-D-galactosamine 或 D-glucuronic acid。經轉硫酵素(Sulfotransferase)作用後在第 4 和第 6 位置的氫氧基，可改變成為帶有硫酸鹽的結構，而最終軟骨素帶有硫酸鹽的數量、位置等因素，會使軟骨素

表現不同的生物活性，同時也可以與蛋白質的絲胺酸(Serine)鍵結成為醣蛋白的一部分。目前軟體素的來源包括牛、魚類，特別是牛的鼻中膈、氣管及鯊魚軟體等組織。統整軟骨素的特性如下：

1. 可與生長激素、細胞激素等鏈結。
2. 抑制蛋白酶。
3. 會干擾細胞貼附、移動、分裂、分化的能力。
4. 無致敏性。
5. 降解物為無毒的寡多醣體。

(九) 珊瑚

　　開發天然珊瑚作為骨骼替代材料已是行之有年的研究，目前臨床上也已有許多應用的實例。這些珊瑚的來源都是屬於珊瑚綱裡的六放珊瑚亞綱的品種，天然珊瑚具有良好的生物相容性，常作為癌化骨骼的替代材料。

　　天然珊瑚的前端是由許多毫米大小的有機體聚合而成，這些有機體彼此分享養分再各自發展出完整的胃、心血管網。珊瑚的外殼由鈣質細胞(Calicoblast)組成，分泌碳酸鈣，形成珊瑚支架的主要成分，也是人體骨骼的重要成分。此外，珊瑚具有多孔性，孔徑介於 100 至 800μm 之間，提供相當大的表面積進行物質交換，同時也決定珊瑚在體內被吸收的速度。當珊瑚作為移植物時，這些條件就成了決定血管生成及骨質新生是否成功的因素。人體骨小樑或海綿骨的孔徑介於 150-500μm，孔隙體積約佔 50-80%，與珊瑚能提供的條件接近，但是天然珊瑚仍需要經過處理才能在生理狀況下穩定。常用的處理方式為水熱法，可將珊瑚內含的碳酸鈣在高溫高壓的環境下轉化成為磷酸鈣，處理後的珊瑚仍存有雜質、不均質、易碎等特性，所以還需要一系列的清洗步驟去移除雜質及水熱法殘留的磷酸。必須經過這些步驟，才可以有效提升珊瑚的生物相容性及適用性。目前市場上已有許多取自珊瑚的骨材在臨床上成功應用的例子。

MEMO

Chapter 08

植入生醫材料的傷口修復

在這個章節中，我們希望帶領讀者：

1. 認識顆粒性組織的特性。

2. 了解植入物特性與人體間的交互作用。

3. 認識纖維莢膜與慢性發炎間的關係。

4. 區分植入後的癒後狀況，以及認識傷口的修復和疤痕增生。

5. 比較一般傷口與植入的傷口，以及傷口修復過程。

6. 學習利用活體動物實驗分析發炎反應及生物相容性時，應注意的事項。

8

植入生醫材料的傷口修復

一、顆粒性組織的形成

本章節將討論植入生醫材料 24 小時後的生物反應。植入物在植入的一天後，發炎性細胞即會釋出許多化學性介質，吸引纖維母細胞和血管內皮細胞向患處遷移，而接下來的三至五天內，即可利用顯微鏡觀察到組織學上的顆粒性組織 (Granulation tissue) 形成，這些不平整的外觀是由既存的血管延伸突起所造成，此過程即為血管新生 (Neovascularization) 或血管增生 (Angiogenesis)。在增生尖峰期，顆粒性組織單位體積較其他組織擁有更多的微血管，如圖 8-1。

纖維母細胞增生也是此時傷口癒合階段的特徵，其主要功能是合成膠原蛋白和醣蛋白以強化結締組織。在顆粒組織中部分的纖維母細胞具有類似平滑肌的特性，這些被稱為肌纖維母細胞 (Myofibroblasts)，能因應傷口收縮，減少患部面積，加速癒合。

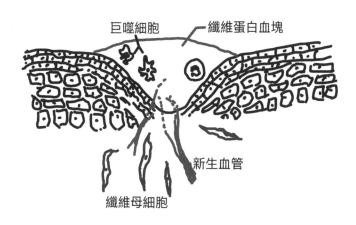

圖 8-1 顆粒性組織示意圖

二、異物反應 (Foreign body reaction)

顆粒性組織可能會形成部分的異物反應，此反應包含巨大細胞(Foreign body giant cells, FBGCs)和前段所述的顆粒性組織。FBGCs是單核球或巨噬細胞將植入物顆粒吞噬後的綜合體，故比單一細胞體積更大而得名。

異物反應的組成與植入物息息相關。例如植入物的表面特性：粗糙(Topography)與否以及其化學活性，皆會造成不同程度的異物反應。對某些平滑表面而言，植入後巨噬細胞堆砌的區域可能僅一兩層細胞的厚度，這類平滑外表的植入物例如矽膠義乳。反觀若植入物的外表粗糙，含有許多降解顆粒時，其表面就會貼附巨噬細胞及FBGCs引起異物反應。

植入物的形狀也會影響到異物反應。植入物單位體積的表面積較大時（如：纖維或多孔材質），可提供較多的巨噬細胞和FBGCs停留，反之則會出現較多的纖維性組織。巨噬細胞和FBGCs有可能伴隨在植入物周圍，直到植入物移除。然而，這些細胞若釋出某些生物活性因子，例如：降解酶或趨化劑，則有可能出現不同的結果。

三、纖維莢膜 (Fibrous Encapsulation)

非降解性材料製成的植入物，其癒合的最終階段為形成纖維莢膜，包含成熟的顆粒組織，即具有大血管及因應機械力方向而排列有序的膠原蛋白結構。對許多植入物而言，纖維莢膜是可接受的結果。

植入後，四週以上的反應為長期反應，此時形成的莢膜可因幾種不同的因素而有所不同：

1. 植入原始傷口的大小及深度。
2. 後續細胞死亡數量。
3. 植入部位。

4.植入物的降解速度。

　　有趣的是，莢膜的厚度也受到以下因素的影響：

1.降解顆粒成分及數量。

2.植入位置承受的機械力。

3.植入物的形狀、電流。

　　植入物降解成小顆粒的速率正比於纖維莢膜的大小，降解碎片的化學成分也對莢膜的形成影響甚大，特別是化學成分具有細胞毒性。此外，當植入部位承載的機械力變大時，莢膜厚度也隨之增加。

　　材料表面特徵，特別是具有明顯介面邊緣的莢膜也較厚，因此植入物的形狀也會決定莢膜厚度。而如果植入物可以產生電流，如：刺激電極，莢膜厚度會因電流強度增加而變厚，因為電流產生後會影響到局部的 pH 值及氧氣濃度，間接加速材料降解腐蝕，進而促進莢膜生成。

四、慢性發炎反應

　　相較於急性發炎反應而言，慢性發炎的組織學特徵較多樣化，起因在於材料的物化特性，及植入部位的運動性。最重要的特徵是出現單核球，含淋巴球及漿細胞，這些細胞也是材料引起後天免疫反應的指標。有些慢性發炎反應出現在急性發炎反應及莢膜形成顆粒性組織之間，維持的時間並不久，然而卻也有些慢性發炎反應會一直存在，並引起其他的病理狀態。

　　有時慢性發炎包含肉芽 (Granulomas) 形成，肉芽包含 FBCs 環繞在無法被吞噬的粒子外表。此時尚有 FBGCs、上皮細胞 (Epithelial cells)、淋巴球等參與。

五、慢性發炎可能中止的型態

發炎及傷口癒合，都是生物體在接受植入物植入後尋求另一個恆定的機制，也可說是生物體的解決之道。狀況有如下 4 種：

1. **逐出** (Extrusion)：植入物直接接觸上皮組織時，上皮增生會重新排列，並將植入物排擠出去。

2. **吸收** (Resorption)：若是可降解材料植入，形成纖維莢膜與否取決於降解速度，例如莢膜形成後，植入物才完全降解，此時留下的莢膜可能會塌陷，殘留在原處，但也有可能被其他組織填補取代。

3. **整合** (Integration)：較少見，臨床上純鈦 (Titanium) 植入物植入骨頭後較常發生這個現象，組織與植入物間隙小，彼此可共存融合，期間不會有纖維莢膜形成。

4. **莢膜** (Encapsulation)：這是傳統不可被吸收材質植入後，生物體的反應。但慢性發炎和顆粒體 (Granuloma) 不屬於這類反應，因為慢性發炎和顆粒體形成，都是組織學上不穩定的過渡時期。

以上狀況皆不能武斷地代表植入成功與否，植入成功與否端視植入物的目的來決定。舉例來說，吸收和整合是生醫工程應用的理想狀態，而莢膜形成則是一種可接受的狀況，但這可接受的狀況有時卻意味著失敗，這是因為生醫工程的目的是造就一個有功能性的組織，而不是單純地由合成材料去填補受損的組織。

六、修復與再生：皮膚的傷口癒合

修復 (Repair) 和再生 (Regeneration) 是組織工程利用生醫材料造就具功能性組織最重要的兩個過程，傷口修復會有疤痕組織出現，其生化組成及機械特徵都和原組織不同；而再生的新組織則是和受傷前的組織相同，因此不論是組成成分、特性皆完全復原。本段落將著重於皮膚傷口修復來討論修復與再生的異同，以及非降解性的材質存在與否時的傷口修復狀況。

（一）皮膚的傷口癒合

皮膚外層為表皮層 (Epidermal layer)，內層為真皮層 (Dermal layer)，若淺層傷口僅傷及表皮層時，則可能只有細胞再生即能完成傷口癒合，然而許多傷口及燒燙傷等會深及真皮層，所以傷口癒合勢必要由修復機制來完成。

傷後首先須凝血並形成纖維蛋白聚合以阻止失血，並啟動急性發炎反應。這個階段的特徵是受損組織移除，以及玻尿酸、葡萄糖胺聚醣等沉積於細胞外基質處微血管，如圖 8-2。

發炎反應會誘發纖維母細胞聚集增生，以促成顆粒組織形成。此時大量新血管形成，這個階段最明顯的特徵即是第三型膠原蛋白沉積在胞外間質。這些膠原蛋白較細且排列無序，當胞外間質漸漸重組形成時，纖維性血塊也會被殘留下來的巨噬細胞分泌的酵素分解或吞噬掉。

皮膚傷口修復的最後階段是重塑 (Remodeling) 或形成傷疤，約受傷後一周開始進行。此時胞外間質內的第三型膠原蛋白逐漸由酵素作用降解或被吞噬，並由第一型膠原蛋白去填補空出來的位置。第一型的膠原蛋白有較粗大的分子，並順著組織受力的方向排列有序，同樣地，葡萄糖胺聚醣比例也會提高，例如：軟骨素和硫酸皮膚素 (Dermatan sulfate) 對玻尿酸的比例。

膠原蛋白在疤痕組織中會持續累積到傷後二至三個月，另外，由於新組織中的膠原蛋白交互排列，組織承受的機械力也在這幾個月內持續增加，此時未形成血管網的新生血管也會被吸收掉，疤痕會變白且不含血管。

這些傷口修復的過程意味著：有功能的組織已生成。值得注意的是，若有非降解性材料存在時，這個過程就不會完整進行，因為材料周圍的莢膜永遠不會重塑成疤痕組織。所以當真皮層缺陷被填補，表面的傷口部位將會因表皮層再生被覆蓋，然而這並非代表再生，因為真皮層內存在非正常組織。

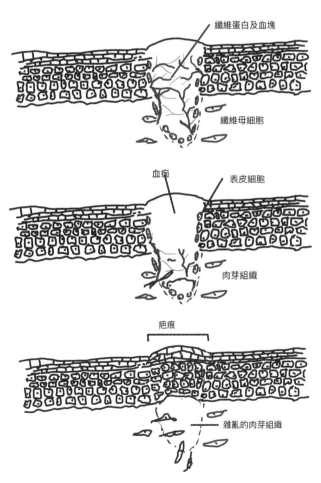

纖維蛋白及血塊

纖維母細胞

血痂　　　表皮細胞

肉芽組織

疤痕

雜亂的肉芽組織

圖 8-2 傷口癒合過程示意圖

(二) 表皮再生

　　皮膚再生僅限於表皮層的小傷口，可由上皮再生而完全復原。當然，若有非降解性材料存在表皮層時，這個過程就不會發生。

　　表皮再生起始於缺損部位的邊緣，傷口周邊的胞外間質接合物會先行分解，以方便這些細胞向傷口缺陷處移動，同時上皮細胞會增生並遷移，以完整覆蓋在傷口上。

　　一旦傷口上的上皮細胞完整覆蓋後，他們會由原生扁平狀，恢復成較立方體的外型，並重新和間質連結。這些細胞持續增生，也合成間質，以厚植傷口至原來的狀態，如此就完成上皮層的細胞再生，而這些再生組織和受傷前的組織具有相同的結構及特性。

七、活體試驗分析發炎反應

(一) 活體試驗分析

　　雖然體外試驗可以用來評估發炎反應，作為材料生物相容性的指標，然而由於活體細胞種類繁複，訊息分子更多樣化，因此體外試驗並不能取代活體試驗的結果。以下列出和生醫材料有關的因子，這些因子可透過許多不同的途徑造成特殊專一性的生物反應，這些途徑包含：

1. 細胞或生物性分子與植入物間的交互作用。
2. 植入物溶出的可溶性物質與細胞或生物性分子間的交互作用。
3. 植入物降解的顆粒與細胞或生物性分子間的交互作用。
4. 植入區域承受的壓力。

(二) 生物相容性試驗

　　由於這些交互作用的複雜性及生物相容性試驗的重要性，很多機構都制定法規，要求活體試驗分析生物相容性。依據這些規範定義生物相容性，

即為因應患者需求而植入的醫療植入物，會造成患者產生適當反應的能力。因此，生物相容性測試(Biocompatibility assessment)就定義為量測改變患者恆定機制的不良作用強度及持續時間。

目前有各式各樣的試驗都涵蓋在生物相容試驗中，例如：致癌性(Carcinogenicity)、免疫反應(Immune response)、發炎反應(Inflammatory response)及血液相容性(Hemocompatibility)。在此，我們將聚焦在活體試驗分析發炎反應，包含局部活性、毒性、全身性毒性（急性、亞急性及慢性）。這些試驗也建議可在注射醫材萃取物或於植入植入物後再執行。

體內植入物在試驗時，需留意植入部位會接觸到的特殊組織，所以在進行生物相容性試驗時，尚需蒐集活性分子、細胞、生長因子。除體外試驗外，尚需注意組織工程產物所引起的反應，特別是活體試驗進行時，需遵守動物照護規範，例如：消毒、清潔、飼養環境、術前術後減輕疼痛的人道對待等。

八、動物試驗模式建構時要注意的事項

建立動物試驗模式中，有幾項要考慮到的事項，分別是：動物種類、植入部位、研究時間長短、劑量及投藥途徑以及分析方法等，以下分別敘述：

（一）植入物與動物

1.選擇試驗動物

探討材料引起的發炎反應時，選擇受試動物的生理反應及癒合機制，一般是與人類愈相似愈好。但由於沒有百分之百相同物種可供選擇，因此所得到的結果也無法完全預測人體反應結果。一般會選擇大鼠或兔子等小動物做試驗，接著若初步的發炎反應可接受，才會再選用較大體積的動物，例如：羊、狗、牛等。

93

2. 決定植入部位

依植入物設計研發的目的，在試驗植入物的時候，其植入試驗動物的部位，應愈接近原設計的部位為佳，而測試新材料的發炎反應，常見的植入部位是皮下。任何一個試驗皆需蒐集數種測量指標，來分析可能影響發炎的原因，例如：若只蒐集到巨噬細胞和其他發炎細胞減少且無衍生血管生成等結果，這可能只反應出這些細胞分析評估指標不足，而不能推論到材料具有抗發炎特徵。其他像周邊細胞是否有增生傾向遷移與否，以及植入部位承受的機械力等指標，也需在蒐集完備後才能下定論。

(二) 毒性分類

依據材質應用的最後目的，毒性的分類可以區分為急性、亞急性、亞慢性、慢性等四種。急性中毒 (Acute toxicity) 是指植入 24 小時內發生的毒性反應，而亞急性 (Subacute toxicity) 所牽扯到的是 14～28 天內的反應，亞慢性毒性反應 (Subchronic toxicity) 意指 90 天內或短於試驗動物平均壽命 1/10 的反應，慢性毒性 (Chronic toxicity) 則是指 90 天後發生的反應。這些研究可以利用注射生醫材料萃取物或直接植入植入物於預期應用部位後分析得到。

除了毒性測試外，植入後配合組織切片分析，可以得到生物體對醫用材料所產生的局部發炎反應。綜合這些植入後的測試，結果才能真正反映出術後發炎、組織重建等完整的過程，因此分析各個不同時間點的各項指標是極具參考價值的。

(三) 醫材萃取物的投予劑量及途徑

植入物的形狀會影響到生物性反應，因此除了分析材料本身導致的發炎作用外，其終產物的形狀也同樣重要，而其大小間接也決定測驗所需的

劑量。在生物相容性試驗中，若是為了篩選出可用的材料，那麼主要試驗之目的即在於探討發炎反應的類型及其程度，此時終產物形狀就不重要。反之，若是要分析最後植入特定部位的結果，那麼受試材料的形狀大小就可能是關鍵性的變因了。

為設計探討植入物植入特定部位後的直接反應，需針對試驗動物考量到以下幾點：
1. 植入物的重量及大小。
2. 植入物的表面積。
3. 植入物的形狀。
4. 每隻動物可接受的植入物數量。

試驗時，可將材料樣本的碎片或顆粒植入生物體，也可以利用材料萃取物注射到生物體去分析樣本的生物相容性，而萃取的溶媒和注射部位都可能影響發炎反應。另外，介於以上兩者間的植入方式，是由 Anderson 等人發展出來的 Cage implant model。這是將材質置入不鏽鋼網籠中，再將整體置入生物體內，而這種方式可讓研究者在材料和周邊組織不直接接觸的條件下檢視發炎反應，極適合分析可溶性材質的生物相容性。可預期的是網籠本身的材料，可能會改變網籠周邊的發炎反應。

（四）適當的對照組

所有試驗皆不可或缺對照組。對照組可以是同隻動物完整的對側肢體，或僅接受手術處理而不置入植入物的部分，另外已知材料或植入物也可做為對照、參考用。

九、分析方法

得到理想的材料的方法，是盡可能提供其生物性反應的資訊，因此最好的方式是在開發醫材或植入物時，即包含了應用設計，如此一來，生物相容性試驗也包含材料植入。為了得到全方位的數據，有許多分析方法可應用以了解植入物引起的發炎反應。

(一) 免疫組織化學法 (Immunohistochemistry)

含有植入物的組織可被染色切片，以觀察不同階段參與發炎反應的細胞種類和胞外間質分子。

(二) 電子顯微鏡

不論是穿透式電子顯微鏡或掃描式電子顯微鏡，皆可運用在植入物引起的生物反應觀察上。穿透式電子顯微鏡可檢視到植入物和生物體接觸的介面，若能配合 X 光繞射接觸界面的縫隙時，甚至可進一步了解從樣本中釋出顆粒種類及位置，而若將之運用在植入後一段時間，則可知植入物與周邊組織共存的整合程度。然而此技術最大的限制，是很難得到超薄切片樣本，而且觀察影像需要在抽真空環境下進行，樣本處理時固定及脫水等步驟也都需要專業技術支援，所以設備及技術是這項分析方法最大的門檻。

掃描式電子顯微鏡主要是觀察植入物和組織介面的型態改變，不需有切片過程。可溶性成分由植入物釋出時，同樣可利用光繞射定位，而其影像觀察也是需要在真空環境下進行，固定和脫水的步驟對樣本完整保存相當重要。近來發展出 Environmental SEMs 可在水中觀察影像，如此可克服固定脫水的限制。

（三）生化分析

生化分析有助於了解材料植入後的發炎反應，標定活性分子後，可利用比色或免疫染色進行定量。

（四）機械力測試

常見拉伸 (Tensile) 或彎曲 (Bending) 試驗，對於分析植入物長時間的反應很有用，例如：「植入物引起組織重建的時間變化」或是「植入物和周邊組織融合的程度」，這些觀測標的皆可用定量分析法量化結果，其結果受樣本受力大小、冷凍後或固定處理與否所影響。因此，樣本需注意是否能接受相同的處理步驟，才能得到植入物隨時間變化的趨勢作為研究間的比較。

MEMO

Chapter 09

生醫材料
植入與
急性發炎

在這個章節中，我們希望帶領讀者：

1. 認識先天免疫反應及後天免疫反應。

2. 認識白血球的生成及作用。

3. 了解急性發炎的生理反應。

4. 認識誘導中性球移動及中和外來物的化學訊息。

5. 了解在後天免疫的過程中，巨噬細胞摧毀外來物的方式。

9

生醫材料植入與急性發炎

一、先天免疫與後天免疫

　　先天免疫是人體的第一道防線，當外來物（病原）無法被先天免疫所排除時，後天免疫系統即會啟動試圖清除外來物（排斥），或是設法達到和平共存的狀態，所以後天免疫的產生，必須依賴外來疫苗誘導。若外來病原同時活化先天及後天免疫系統時，很可能發展為感染，這也是生醫材料植入後常見的狀況之一。值得注意的是，先天免疫反應、後天免疫反應以及感染等現象的表徵，通常都以發炎來表現，而這些反應，和參與反應的白血球種類、數量有關。

（一）白血球特性

1. 白血球的分類

　　血液裡有四種白血球：

(1) 顆粒球 (Granulocytes)：顯微鏡下可見細胞內含顆粒，可進一步區分為中性球 (Neutrophils)、酸性球 (Eosinophils)、嗜鹼性球 (Basophils)。這些顆粒球，由於細胞核有分葉，使他們形狀似多個細胞核，而其主要功能，為吞噬作用及協助其他的發炎反應，如圖 9-1。

(2) 單核球 (Monocytes)：顯微鏡下呈現單一圓且大的細胞核，擁有強效的吞噬力，是發炎反應作用的主要反應者。

(3) 淋巴球 (Lymphocytes)：包含 T 細胞和 B 細胞，主要參與後天免疫反應，其中記憶細胞 (Memory cells) 可在相同抗原第二次出現時快速辨識反應；作用細胞 (Effector cells) 則可製造抗體或利用其他方式移除外來病原。

(4) 巨核細胞 (Megakaryocytes)：位於骨髓，分裂後的細胞碎片可形成血小板，參與凝血反應，細胞本身則為血球細胞的幹細胞。

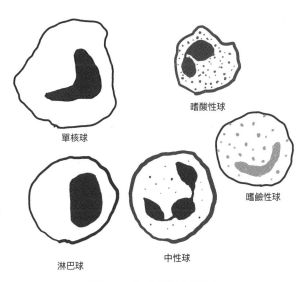

單核球

嗜酸性球

嗜鹼性球

淋巴球

中性球

圖 9-1 白血球示意圖

2. 白血球生成

多潛能性造血幹細胞 (Pluripotent hematopoetic stem cells) 可以分化為血球幹細胞，再進而分化為紅血球、顆粒球、單核球及巨核細胞。另外，多潛能性造血幹細胞也可分化為淋巴球，在循環經過淋巴結時會分化成熟，多儲存在淋巴組織中，例如：淋巴結、脾臟等。

3. 白血球的生命週期

通常白血球存在血液及淋巴中，有需要時才會進到組織中。以顆粒球為例，當外來病原侵入而召喚白血球時，他們會進入血液循環 4～8 小時，進而轉移至目標組織並停留 4～5 天，直到與入侵病原結合為止。單核球停留在循環中的時間較長，轉移到組織後即特化成巨噬細胞，具吞噬能力，可存活數年之久。

淋巴球可隨淋巴液注入循環，循環數小時後即進入淋巴組織中，回到淋巴循環。

(二) 先天免疫

先天免疫有四項主要組成：

1. **物理性屏蔽**：皮膚、黏膜等構造。
2. **生理屏蔽**：體溫、胃酸等。
3. **具吞噬作用的細胞**：顆粒球。
4. **發炎反應**。

在外來病原存在時，免疫系統的作用是以上四者合併數項功能一起作用，例如：發炎過程中，吞噬細胞將病原清除。

二、發炎的徵兆與成因

發炎的四個徵兆：紅、腫、熱、痛。組織受傷的立即性反應即是急性發炎，這是先天免疫的一部分，通常在受傷後數小時到數天內出現，有別於慢性發炎（數周至數月）。一般說來，在植入材料後，急慢性發炎反應皆會出現。

急性發炎反應的調控因子，多為補體系統及 T 型淋巴球或凝血過程中的產物，例如：組織胺、緩激肽、血小板活化因子等。

受傷後，傷口邊的血管擴張是發炎過程中「紅」、「熱」的主因。另外，由於血管擴張致使血管滲透性變大，組織液外流，部分血中蛋白如纖維蛋白活化凝結形成解剖性屏蔽以阻隔病原，而部分可溶性因子會吸引顆粒球及單核球聚集並進行吞噬作用，所以此時組織內的細胞也會腫脹，共同造成發炎過程中「腫」的現象。另外，部分這些參與反應的可溶性因子，如緩激肽等，則是造成「痛」的感受。

三、巨噬細胞及中性球的角色

病原入侵引起的發炎反應主要由常駐組織中的巨噬細胞引起，巨噬細胞可以分泌化學物質將外來病原吞噬、分解並偕同體內其他系統作用。常見的巨噬細胞分泌化學性介質，例如：IL-1、TNF，具有促進發炎反應的作用，而 IL-1、IL-6 則可活化後天免疫系統，附帶一提，大多數的化學性介質幾乎都有全身性作用。

此外，巨噬細胞也會作為抗原呈現細胞而啟動先天及後天免疫系統。

（一）中性球遷移

在初期巨噬細胞作用時，血中的顆粒性白血球，主要為中性球，也會由血液進入到受傷組織中，此過程即為外滲(Extravasation)。

中性球在外滲的過程中，必須先貼附在血管內皮，進行穿透內皮層，到達發炎區域，這些過程可分解成四個步驟：滾動、活化、貼附、爬行。發炎部位的內皮細胞會大量表現選擇素(Selectins)，可作用於血中中性球細胞表面的黏液素(Mucins)，然而，由於其間的作用力不大，中性球在內皮細胞會反覆接合鬆開，致使觀察到的現象就像中性球在內皮上滾動。

中性球在發炎區域內皮滾動時會受到趨化性分子(Chemoattractants)活化，促使中性球遷移到受損組織，此即為趨化(Chemotaxis)。因此，中性球外滲即是第一個步驟，除了活化趨化性外，IL-8、巨噬發炎蛋白 -1b 也是常見的活化劑，主要是活化中性球細胞內訊息傳遞途徑改變整合素(Integrin)的結構，強化與內皮上的細胞貼附分子(CAM)鍵結，形成中性球貼附內皮的現象。貼附在內皮的中性球可利用偽足(Diapedesis)通過內皮間隙，爬行到目標位置。

(二) 中性球活化

中性球具有辨識外來病原的作用，同時可以傳訊促使傷口癒合，這些功能的分子機制主要包含：吞噬作用、活性氧作用及分泌訊息傳遞物。

1. 吞噬作用

這是中性球最主要的功能，可由細胞內的酵素參與。活化的中性球表面受體可受抗體及補體作用，進而加速吞噬作用。

2. 活性氧作用

活化的中性球利用大量的葡萄糖代謝，產生二至三倍的氧耗量及活性氧，而這個作用除了會清除外來病原外，也會造成體內植入的生醫材料腐蝕降解。

3. 分泌訊息傳遞物

中性球分泌的化學性介質統稱為細胞激素 (Cytokines)，這些介質能引起細胞的不同特性，例如：細胞遷移、活化、分泌等。

(三) 其他白血球

1. **單核球**：單核球在受到中性球分泌的訊息作用後，於數小時內即可大量聚集在受傷區塊，並變形成巨噬細胞，繼而吞噬、分解外來物。
2. **嗜酸性球**：嗜酸性球雖具有微小的吞噬作用，但其主要的作用是攻擊摧毀寄生蟲，中和發炎誘導因子，以侷限發炎反應無限擴散。
3. **嗜鹼性球**：嗜鹼性球的作用與主細胞雷同，可受肝素、組織胺、緩激肽或血清胺活化，主司過敏反應。
4. **抗原呈現細胞 (Antigen-Presenting Cells)**：巨噬細胞分解外來病原後，可將片段表現在細胞膜上，形成抗原呈現細胞，這是先天免疫及後天免疫活化的橋梁。

四、吞噬作用與生醫材料

　　吞噬細胞若吞下無法降解的生醫材料碎片，這些碎片會在吞噬細胞死亡時再度被釋出，並被新一波吞噬細胞噬入，如此一來，會周而復始，矽砂即是如此。吸入的矽砂會導致矽肺病，臨床上可檢查出不被分解的矽砂及來自數代巨噬細胞留下大量的細胞激素。上述細胞激素或可刺激纖維母細胞，纖維母細胞會製造纖維組織來侷限這些不降解的外來物，當然肺臟可進行氣體交換的面積也因此下降，造成肺功能低下。

　　若體內無法降解的材料粒徑遠大於細胞，致使吞噬細胞無法進行吞噬作用，取而代之的是吞噬細胞會分泌大量的溶解酶。目前已知溶解酶的量與外來材料粒徑大小相關，因而推測植入物愈大，溶解酶的反應也愈大。

五、終止急性發炎反應

　　急性發炎反應的目的在於清除外來病原，並迅速恢復體內恆定狀態，因此勢必存有一些機制，可終止發炎反應。常見的有利用「化學介質專一拮抗劑」、「抑制因子」或「移除刺激物」等方式，來終止急性發炎反應，說明如下。

1. **化學性介質專一拮抗劑**：例如 IL-1a。巨噬細胞具有分泌 IL-1 的作用，但同時也分泌 IL-1 受體拮抗劑 (IL-1ra)，因此，下游反應就受到 IL-1 和 IL-1ra 相對濃度所決定。

2. **抑制因子**：減少發炎也可藉由抑制因子完成，例如：TGF-β。巨噬細胞和淋巴球都有製造分泌 TGF-β 的作用，其可抑制數種發炎性細胞活性，進而限制發炎反應擴大。

3. **移除刺激物**：移除引起急性發炎反應的刺激物，則發炎反應也會隨之減少。

　　以上都是生理上常見終止急性發炎反應的管道。

六、分析發炎反應的方式

多數生醫材料在出產時，都會試著和血中分離的白血球共同培養數週，以確認生醫材料活化白血球的能力，作為其致發炎的潛力指數。若離體培養活化細胞的能力愈強，則預期活體反應的結果也愈嚴重。

常見的細胞活化指標，包含：細胞貼附、細胞凋亡、細胞遷移、細胞激素及細胞膜蛋白質表現等，分述如下。

1. **細胞貼附**：細胞貼附可使用放射活性或螢光標定細胞來量化，且須配合顯微鏡觀察。

2. **細胞遷移**：細胞遷移受生醫材料降解物和生醫材料表面的影響，因此可間接作為生醫材料生物相容性的指標。可將細胞培養在降解物內，觀察一段時間內細胞移動的距離來量化。

3. **細胞激素及細胞膜蛋白質表現**：皆是發炎反應觀察的重點，而各種發炎相關的細胞激素及膜蛋白，皆可利用 ELISA 或西方點墨法 (Western blot) 定量。

Chapter 10

生醫材料
引起的
免疫反應

在這個章節中，我們希望帶領讀者：

1. 了解生醫材料植入後，人體之後天免疫反應，及活化
   補體系統時各階段的細胞及抗原抗體反應。

2. 區分免疫反應中的「體液免疫反應」及「細胞免疫反
   應」。

3. 認識四種過敏反應。

10

生醫材料引起的免疫反應

一、生醫材料引起的免疫反應

生醫材料可引起先天免疫反應及後天免疫反應。例如：生醫材料上的蛋白質可供體內淋巴球辨識反應，此即為後天免疫反應(Acquired immunity)；有別於巨噬細胞或單核球主導的先天免疫。本章節的重點在後天免疫反應的討論，以下先介紹三個特性。

(一) 免疫毒性

免疫毒性(Immunotoxicity)即免疫系統的不良反應，包括過敏反應及自體免疫性疾病。生醫材料生產過程，常帶有細胞或蛋白質，足以誘發複雜的免疫反應，因此在設計這類產品時，應特別考量到致敏反應的誘發物。

(二) 後天免疫

後天免疫反應有四項特徵：

1. 專一性(Specificity)
2. 多樣性(Diversity)
3. 區分本源(Self/Non-self recognition)
4. 記憶性(Immunologic memory)

後天免疫可分為體液型(Humoral immunity)及細胞型(Cellular immunity)。體液型免疫反應是基於抗體(Antibody)辨識外來物所造成的反應，例如：細菌感染時身體所產生的反應。而細胞型免疫反應，則是利用 T 細胞辨識體受病毒感染或是癌化細胞。

後天免疫反應的專一性來自於 T、B 細胞因抗原 (Antigen) 活化，抗原可能是醫材降解後的碎片、釋放出的某種物質、大分子物質、蛋白質等，可以和專屬的抗體或 T 細胞接受器 (T cell receptor；TCR) 結合，以引導後續的免疫反應步驟。抗原上可供抗體辨識的特殊位置稱作「表位」(Epitope)，一個抗原可以有許多的表位，供不同的抗體或 TCR 結合。

（三）半抗原與免疫佐劑

在討論生醫材料引起的免疫反應時，一定要考慮到半抗原 (Hapten) 及免疫佐劑 (Adjuvant)。其中半抗原是一種醫材釋出的低分子物質，可以和較大分子（如蛋白質）結合後引起更劇烈的免疫反應，而這個反應通常較半抗原單獨引發的反應更為劇烈。當再次有半抗原時，抗體可以在沒有大分子物質存在的情形下，與半抗原結合造成免疫反應，而此一反應在金屬植入物引起的免疫反應中非常重要。另有一非特異性免疫佐劑，則是對抗原會產生非選擇性的反應，可能會因為強化吞噬細胞或延長抗原存留在體內的時間而增強反應。

二、抗原呈現及淋巴球成熟

（一）主要組織相容複合分子

進到生物體的抗原，經常要與主要組織相容複合物 (Major histocompatibility complex; MHC) 結合後，才容易被體內的免疫系統辨識。MHC 是一多種基因表現的複合分子，在不同的時機點會表現不同的 MHC，以下介紹較常見的次分類。

1. 第一型 MHC 分子

第一型 MHC 分子是穿膜型醣蛋白,常和 β-macroglobulin 結合在一起,含有兩個非共價結合的鏈結構,也就是 α 鏈和 β 鏈。α 鏈的遠端和抗原結合後,有可能會引發後續 Tc 細胞作用。

2. 第二型 MHC 分子

第二型 MHC 分子也是穿膜型醣蛋白,只有 α 鏈和 β 鏈。α 鏈遠端會和抗原結合,並誘導 Th 細胞參與後續反應。第二型 MHC 分子只會出現在抗原呈現細胞(Antigen-presenting cells)的表面。當抗原呈現細胞表現 MHC class II 分子時,也同時會傳遞訊息,令 Th 細胞、巨噬細胞、B 細胞及樹突細胞(Dendritic cells)共同活化參與反應。

3. MHC 分子變異性和組織型態

第一型和第二型 MHC 分子分別來自基因上六個不同段落,個體遺傳又分別來自父母。因此,每個個體細胞表面均呈現多種不同的 MHC 分子,但這些分子不會引起自體免疫反應。然而,若是個體接受器官移植時,由於植入器官表面帶的 MHC 分子不同,便會引起排斥現象,因此,在配對器官捐贈及接受者時,需顧及組織型態(Tissue type)以評估二者 MHC 分子的相似程度,相似度愈高排斥的機率就愈小。

4. 細胞內製備 MHC 分子

抗原在細胞內經過一系列的分解,最後會成為一小段胜肽,即為內生性抗原在粗內質網上和第一型 MHC 分子結合成為複合體後,再運送到細胞膜上表現。這一型較常因醫材釋出有毒物或致癌物,而改變周邊正常細胞。外源性抗原經過吞噬作用後,分解成的胜肽則會和吞噬細胞本身的第二型 MHC 分子結合,並表現在細胞膜上。這一型的反應常見於生醫材料植入後的反應。

(二) 淋巴球成熟

淋巴球分為 T 細胞和 B 細胞，可因抗原出現而引起後天免疫反應。B 細胞主要生成高專一性的抗體來引發體液型免疫反應，而 T 細胞則利用其次分類細胞 Tc 細胞及 Th 細胞來誘導細胞型免疫反應。一般而言，淋巴球需經過抗原刺激，產成 TCR 或抗體，才是成熟的淋巴球。T 細胞產生專一性 TCR，隨即運輸到細胞表面表現。一個 T 細胞可因應一個抗原表現 10000 種抗體或 TCR，所有這些抗體或 TCR 都是針對相同的一個抗原反應。而由於生成抗體或 TCR 的基因有數段 DNA 序列，在細胞發育的過程中，依其產生的 DNA 排列順序不同而有不同的抗體或 TCR，因此後天免疫反應具有多變性(Diversity)及專一性。

1. T 細胞及 B 細胞

新生成的 B 細胞來自骨髓，在周邊淋巴結或脾臟經抗原刺激，所以具有分泌抗體的功能。而 T 細胞同樣來自骨髓，但成熟於胸腺，在成熟的過程中，都因暴露的抗原不同而有其專一性。多數在結合抗原後的淋巴球會進行細胞凋亡反應，以避免過多的細胞分泌物攻擊自體細胞，這種辨識敵我的能力 (Self/Non-self recognition) 足以確保後天免疫反應最適切的功能。而成熟後的淋巴球會移動到淋巴組織，進而進入血液循環至全身。

(三) 植株的活化及生成

抗體呈現造成 T 細胞因表現 TCR 而活化，由 Th 細胞釋出的細胞激素可助受抗原結合的 Tc 細胞活化。雖然 B 細胞活化不需 MHC 分子標記的抗原呈現細胞，但卻需要活化的 Th 細胞。再者，巨噬細胞分泌的 IL-1，IL-6 及 TNF-α 對活化 B、T 細胞都有貢獻，所以可活化先天及後天免疫系統，而上述這些細胞激素都與傷口修復有關。淋巴球在活化後可快速分裂形成

對抗原專一性的細胞，過程中作用細胞(Effector cells) 及記憶細胞(Memory cells) 皆會生成。記憶細胞可存活數年，較作用細胞久，因此當個體重新接觸相同抗原時，即會快速產生劇烈的免疫反應。

三、B 細胞及抗體

（一）漿細胞及記憶細胞

　　B 細胞的活化不需要抗原呈現分子即可完成。它們受 Th 細胞的刺激及抗原結合，即可增生形成漿細胞和記憶細胞。記憶細胞在細胞膜上表現抗體，漿細胞則生成可溶性抗體。成熟的漿細胞每秒可釋出 2100 個抗體，並持續數日至數週。

（二）抗體特徵

1. 細胞抗體結構

　　B 細胞產生的抗體結構，主要由胜肽構成較大的重鏈，分子量介於 55-70 k Da，透過雙硫鍵結合；而較小的輕鏈約 24 k Da，也是由雙硫鍵鍵結，各自與一重鏈連接。重鏈和輕鏈結合的遠端即是抗原結合區，又名變異區（Variable portion 或 Fab）。變異區配對抗體的特殊結構是由重鏈及輕鏈的胺基酸順序決定。此外，其他部分為固定區（Constant portion）或 Fc，這個部分供吞噬細胞接受體或補體其他分子辨認。細胞接受體也有類似的變異區，但其他部位則固定在細胞膜上，如圖 10-1。

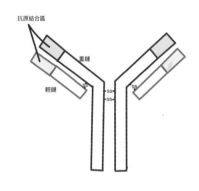

圖 10-1 抗體結構

2.抗體分類

由重鏈固定區序列分為五類，字首 Ig 表示免疫球蛋白(Immunoglobulin)，其後大寫字母即分類，可分為 IgG, IgD, IgE, IgA, IgM。IgG、IgD 及 IgE 可同時與兩個抗原結合。人體數量最多者為 IgG，超過75%，IgE 的數量較少，主要與過敏反應有關。IgA 多一個 J 鏈形成二聚體(Dimerization)，可同時凝集四個抗原。IgM 也有 J 鏈，但 J 鏈形成五邊型可同時結合 10 個抗原，在細菌感染時，可以有效率地凝集細菌。

3.抗體機制

抗體可以藉以下四種連接方式移除外來病原：

(1) 凝集 (Agglutination)

當抗原結合抗體時，抗原不再能傷害人體，此即為凝集反應，常見於細菌感染時，以 IgA 及 IgM 為主。

(2) 沉澱 (Precipitation)

沉澱反應通常是利用抗原抗體形成較大的複合物，以減少溶解度而沉澱的反應，如此外來物質喪失執行反應所需的可溶性介面，會因而中止作用。

(3) 中和 (Neutralization)

抗體結合抗原並覆蓋住抗原活性位置，即為中和反應。

(4) 溶解 (Lysis)

　　某些抗體具有能力可直接攻擊入侵有機體的細胞膜，造成細胞溶解死亡，即為溶解反應。

　　以上這四種方法，都是抗體結合外來物以清除之的方式。

　　抗體也有些間接作用可協助清除外來物，例如：吞噬抗原的細胞可表現許多接受器，吸引不同的抗體靠近，當抗體與細胞接合時，可加速細胞進行吞噬作用。再者，抗原抗體結合是活化補體系統的主要途徑，可加強清除外來物的反應。

四、T 細胞

（一）T 細胞的種類

　　T 細胞的作用需要 MHC 複合物呈現抗原，常見的 T 細胞有兩種：Th 細胞 (Helper T Cells) 及 Tc 細胞 (Cytotoxic T Cells)。

（二）Th 細胞

　　Th 細胞是後天免疫系統不可或缺的一員，後天免疫不全症候群 (AIDS) 即是 Th 細胞遭受破壞。Th 細胞常透過表面醣蛋白 CD4 去辨識第二型 MHC 分子呈現的抗原，當第二型 MHC 分子呈現抗原並結合 APC 的訊息因子時，Th 細胞即活化。APC 經常利用 B7-1 及 B7-2 醣蛋白活化 Th 細胞，一旦 Th 細胞活化，隨即增生形成殖株，含作用型和記憶型 Th 細胞。其中作用型細胞可分泌細胞激素，以引起下列作用：

1. 分泌 IL-4、IL-5、IL-6 等，刺激 B 細胞生長及分化。

2. 分泌 IL-2 刺激 Tc 細胞增生。

3. 分泌 IL-2 活化 Th 細胞。

4. 分泌 MIP、IL-8 活化巨噬細胞，間接結合先天及後天免疫共同作用。活化的 Th 細胞，也可直接接合 B 細胞，以刺激體液型免疫反應。

（三） Tc 細胞

　　Tc 細胞會受 Th 細胞分泌的細胞激素活化並增生，包含記憶型及作用型兩種 Tc 細胞。Tc 細胞分泌的穿孔素 (Perforins) 可溶解外來抗原，抗原溶解之後，Tc 細胞上的接受器即自行脫離溶解掉的抗原，再去尋找另一個表現抗原的細胞使之溶解，相當有效地移除這些細胞。對於預防病毒感染及癌細胞生長，Tc 細胞扮演不可或缺的作用，但在進行皮瓣及器官捐贈時，若捐贈者及接受者的 MHC 分子配對相似度不足時，也是造成排斥及失敗的主因。但針對生醫材料引起的後天免疫反應而言，Tc 細胞的作用仍不及 Th 細胞強烈。

五、補體系統

　　補體系統 (Complement system) 雖然是先天免疫的一部分，但也和後天免疫反應有關。它含有超過 20 種血漿蛋白以系列性反應來殲滅外來物，有兩種活化補體系統途徑，即典型途徑 (Classical pathway) 及變異途徑 (Alternative pathway)。

（一） 典型途徑

　　較少有醫材利用典型途徑活化補體系統。一般而言，IgG 和 IgM 是活化典型途徑的起始物，當其和細菌或材料表面的抗原結合時，會造成本身 Fc 部位變形，以暴露出補體 C 可結合的位置，如此可同時活化先天與後天免疫系統。

補體 C 有許多次分類，其中 C1 是 C1q 和另外兩個分子 C1r 和 C1s 的複合物。C1q 是 18 胜肽鏈形成的蛋白質，包含六個突出的支架構造，每一突出的支架可以和抗體的 Fc 部位結合。C1q 至少要和兩個 Fc 結合才會比較穩定，因為 IgM 是五角形結構，可提供比較多的 Fc 結合位置，所以 IgM 可以有效活化補體系統。

C1q 和抗體結合後，會改變 C1r 形狀使 C1r 活化。活化的 C1r 會切除 C1s 的一部分以活化 C1s，而活化後的 C1s 可將 C4 分解成較小的 C4a 及較大的 C4b。

C4b 可做為 C2 接受體，接合 C2 後，由 C1s 作用使 C2 轉化成為 C4b2a（即 C3 轉化酶），以及游離擴散的 C2b。C4b2a 會讓 C3 分成較大的 C3a 及較小的 C3b，其中 C3a 可與 C4b2a 結合形成 C4b2a3b（即 C5 轉化酶），又或者形成游離態擴散到周邊後，促進外來醫材被吞噬。由於一分子的 C4b2a 可以分解數個 C3 分子，因此序列反應中，這個步驟別具放大反應的意義。

複合物 C4b2a3b 可將標的物 C5 切成 C5a 和 C5b 兩個片段，而 C5a 擴散到周邊組織間液後，會形成可溶性發炎介質。C5a 對中性球的活化很重要，因此補體系統能有助於先天免疫系統。另外，C5 則是維持和標的物結合的狀態，以誘發膜上形成更複雜的複合物。

(二) 變異途徑

醫療材料活化補體系統多經由變異途徑完成，此過程不需要抗體出現，而是表面的補體蛋白即可。

活化變異途徑的起源是 C3，C3 可自行水解成 C3a 和 C3b。而 C3b 可和外來物的表面黏合，如果和自體細胞表面黏合，則自體細胞會將之去活化，但若是和外來物接合時，則會進一步和 B 因子鍵結，此時 B 因

子會暴露出 D 因子的結合位置，並隨之和 D 因子結合，形成複合物 Ba 和 C3bBb。這個時候，Ba 會擴散離開而留下接合在材料表面的 C3bBb，C3bBb 同時也是 C3 轉化酶，可以將 C3 分子再裂解成 C3b，如此，這個步驟就具有放大免疫反應的意義。另外，C3b 和 C3bBb 結合會形成 C3bBb3b 複合物，在變異途徑中，C3bBb3b 作為 C5 轉化酶的作用，以促成膜攻擊複合物 (Membrane attack complex)。

(三) 膜攻擊複合物 (Membrane attack complex; MAC)

無論是典型途徑或變異途徑活化補體系統後，最終的結果都是在外來物的表面形成 C5b 分子，進而和 C6C17 結合，形成 C5b6 複合物。C5b6 複合物會改變構型以暴露出厭水區供細胞膜的雙層磷脂質結合，在透過 C8 的作用後，複合物 C5b678 會插入細胞膜的排列中，形成直徑約 10 Å 的小孔，並吸引 C9 聚集排列在小孔外圍，此即為 MAC。而 MAC 所形成的孔洞直徑約 70~100 Å，可供離子持續外流或其他小分子離開細胞，改變細胞滲透壓並溶解細胞。

(四) 補體系統的調節作用

參與補體系統的調節分子很多，主要是為確保其反應是侷限在局部區域，並防止它在消滅外來病原時錯殺宿主細胞。

補體系統內部的調控機制來自於其酵素的半衰期很短，所以作用時效不長，例如 C3b 的接合位置會自行水解而失效，在有活性的時間內，它擴散的距離約只有 40nm，所以其對於宿主細胞幾乎不影響。

再者，幾乎所有的反應步驟皆有調節蛋白參與，特別是 C3b 生成的步驟更是受到嚴格的調控，因為其別具放大反應的生理意義，而且 C3b 接合到的細胞不是溶解就是吞噬，另外 MAC 合成的步驟也相類似，因為 C5b67

複合物若不能穩定固著在標的物上，游離的 C5b67 接觸到的細胞就會被溶解掉。然而不幸的是，植入的生醫材料有時並不能提供其良好的固著環境。

調節蛋白有 2 個主要的作用機制：

1. 可以和反應物競爭相同的結合區域。

2. 會加速複合物分解。在典型途徑的分子中，有許多的補體活化調節蛋白 (Regulator of complement activation protein; RCA protein) 可以和 C4b 接合以防其和 C2a 的反應，因而減少 C3 轉化酶形成。而變異途徑中，RCA 蛋白可以和 C3b 結合以競爭 B 因子，減少 C3 轉化酶生成。另外，某些調節蛋白可以作用在 MAC 階段和 C8 結合，阻斷 C9 聚集的效應。影響 RCA 蛋白質的蛋白，例如加速降解因子 (Decay-accelerating factor; DAF)，則在結合 C3 轉化酶後，會加速其分解脫離細胞膜表面。

(五) 補體系統作用

補體系統的活化能放大抗體的作用，經由聚集、沉澱、中和、溶解等方式消除抗原。補體分子如 C3b 可促使顆粒和較少量的抗體結合，而產生聚集的作用。當抗體和補體蛋白在外來物的有毒（活性）位置結合形成保護層時，則有助於抗體中和效應。而如前所述，補體系統的最終步驟即形成 MAC 參與細胞溶解反應。

除了協助抗體作用，補體活化後也能助長先天免疫反應，特別是 C3a、C4a、C5a，可以和肥大細胞及嗜鹼性球結合，進而誘導組織胺等介質釋放。這些分子也會促使平滑肌收縮，增加血管滲透性。另一方面，C3a、C5a、C5b67 複合物則可促使單核球和中性球向外來物移動聚集，目前已知 C3 可誘導巨噬細胞附著於聚氨基甲酸乙酯 (Polyurethane) 類的醫療材料。

補體系統尚可強化吞噬作用，例如 C3b 可作為調理素 (Opsonin)。當貼合於外來物表面的 C3b 接合上巨噬細胞或中性球的接受體時，則會助長巨噬細胞或中性球的吞噬作用。

六、生醫材料不需要的免疫反應

固然免疫反應是清除病原很重要的途徑，但在植入物的觀點而言，有些免疫反應造成的後果並非我們樂見的。例如：器官移植的排斥現象、自體性免疫疾病、過敏等。

（一）醫療材料引起的先天及後天免疫反應

排斥現象主要是針對外來細胞呈現的 MHC 分子而來的反應，所以除非材料有細胞存在，否則材料本身並不會引起後天免疫反應，而使植入物完全被破壞。儘管如此，就算是天然材料開發的植入物，雖經過戊二醛 (Glutaraldehyde) 或冷凍固定以減少抗原，但仍有機會活化後天免疫反應。

多數合成的生醫材料皆可引起先天免疫反應，材料引起的補體活化會造成發炎性細胞持續堆積在植入物周圍，這代表的是植入物誘發發炎反應或是纖維莢膜形成，可能干擾植入物與周邊組織融合的效應。

（二）過敏 (Hypersensitivity/allergic reaction)

後天免疫反應即可能引起一些負面的過敏反應，這是一種非尋常、強烈、且不受控的免疫反應，可分成以下四類。

1. 第一型反應：IgE 造成

第一型免疫反應是由漿細胞（作用型 B 細胞）分泌 IgE 引起的。IgE 會活化嗜鹼性球和肥大細胞，當再次接觸相同抗原時，膜上的抗體隨即與之結合，並發出訊息，誘導肥大細胞去顆粒化，以釋出組織胺等介質。

這些介質會造成局部或全身性反應，如血管擴張、平滑肌收縮等，直到這些介質代謝時，反應才會終止，日常生活對花生過敏或蜜蜂螫咬過敏，即是此類反應。

第一型過敏反應典型的例子即是花粉等環境因子，文獻記載由醫療材料引起的極為罕見，除非是患者曾在工作場所接觸到這些成分，才會在接觸時引起由 IgE 主導的反應。值得一提的是，對矽膠產生的第一型過敏反應，確實曾在接受義乳的患者身上發生過。

2. 第二型反應：抗體

第二型過敏反應，可由抗體單獨完成，或是由抗體引起補體產生破壞細胞或血小板等反應。典型例子是配對錯誤的輸血過程引起的溶血現象。由生醫材料引起第二型過敏反應的文獻記載並不多。

3. 第三型反應：免疫複合物

此類反應需要抗原抗體同時出現在同組織或循環中才會發生，因此通常症狀會出現在首次接觸抗原數日至數週後才發作。一旦發生時，在局部血中的血管壁會檢測到大量的抗原抗體複合物，這些複合物會活化補體系統，吸引吞噬細胞遷移聚集。發生這一型反應的組織，常因發炎細胞釋出的酵素及其他活性物質而損傷。這是自體免疫疾病致病的主要機轉，如紅斑性狼瘡。生醫材料引起這類反應的結果，多半會造成材料逐漸降解，有些則是利用這個特性製成控釋劑型。一般而言，這一型的反應並不是生醫材料過敏的主要形式。

4. 第四型反應：T cells

又稱作延遲型過敏反應(Delay-type hypersensitivity)，因其通常發生在接觸抗原的一至三天才出現，如同第一型反應，這類過敏反應也需再次接觸抗原才會發生，常以接觸性皮膚炎的症狀表現。

這一型的反應並無抗體參與作用，而是由 Th 細胞特化而成的 TDTH 細胞主導。就在首次接觸到 APC 上呈現的抗原時，Th 細胞即成熟特化為

TDTH 細胞。再次接觸相同抗原時，TDTH 細胞會活化並釋出細胞激素以吸引巨噬細胞進駐。待一至三天，細胞聚集足夠量時，即由發炎細胞釋出溶解性物質，造成組織損傷及其他的臨床症狀。

使用生醫材料引起的過敏和這類的反應比較有關，有些報告指出口內植入物含鎘、鈷、鎳等，會引起皮膚炎或口內潰瘍。而深層組織反應則見於含金屬、矽丙烯酸的植入物植入後。

5. 過敏反應與生醫材料的種類

對生醫材料過敏較多著墨在金屬材質，一般的認知是因材質釋出的產物，和某些低分子量離子及體內的蛋白質形成複合物後，會誘發免疫系統活化。

對陶瓷類的過敏較少有報告出現，而對聚合物引起的第四型過敏反應也比較沒有一致性的結論，latex 手套在製程中的添加物有可能引起過敏反應，此外，體內蛋白質因附著於材質表面而變性也可能是致敏的關鍵。

七、免疫反應分析

因免疫反應與發炎反應息息相關，所以有許多的分析技巧曾在發炎反應章節中提到。

（一）體外分析

顆粒球活化常利用 T 細胞、B 細胞作為分析對象。

一般確認發炎性細胞，需檢視細胞貼附、死亡、細胞爬行、細胞激素種類及釋出量，以及細胞表面蛋白等。另外，細胞增生是淋巴球細胞株形成所必需，這些試驗統稱為淋巴球變形試驗 (Lymphocyte transformation tests; LTTs)，而這些試驗，經常需配合 DNA 放射線標示或螢光標示。

活體免疫反應會伴隨發炎反應一起發生，所以包含淋巴球及其他發炎性細胞皆會出現，因此檢驗植入材料後的免疫反應，與之前所提到的方法極為雷同，例如動物種類、植入位置、探討時間長短、投予／植入醫材的量及適當的對照組。現在對動物實驗的分析，皆包含組織及免疫化學反應，以檢視材料內出現淋巴球的數量。

一般檢視免疫反應的方式，常抽取動物或受試者的血液標定抗體 IgG 出現與否。若得到抗體表現的結果，則顯示受試者（或動物）對醫材具有過敏反應。

另一種常見的檢測方式，是取自醫材上的碎片放在皮膚上，用以檢視局部發炎反應（皮膚測試）。若出現紅腫，即意謂過敏反應出現，而這個測試也應用在檢測環境過敏原。

Chapter 11

生醫材料引起的感染、致癌及鈣化反應

在這個章節中,我們希望帶領讀者:

1. 了解植入物相關的感染及感染源。

2. 植入物引起感染的步驟。

3. 認識細菌表面特性及其檢測。

4. 了解細菌表面、植入物表面、及介質對細菌貼附的影響。

5. 認識致癌物及致癌機轉。

6. 認識病理性鈣化及其對生醫材料的影響。

11

生醫材料引起的
感染、致癌及鈣化反應

一、人體接受植入生醫材料後常見的問題

　　人體植入物在生物醫學工程的臨床應用發展上已相當普遍，特別是高齡化社會，骨科植入物的發展與應用更為重要，例如人工全膝關節與人工髖關節，如圖 11-1 即是。人體植入生醫材料或植入物，有許多時候可能會發生嚴重的併發症，這些反應可以粗略的歸類為：先天／後天的免疫能力造成的負反應、凝血反應、植入物引起的感染、致癌性、病理性鈣化反應等。本章節將著重在感染、致癌性及病理性鈣化反應的相關資訊。

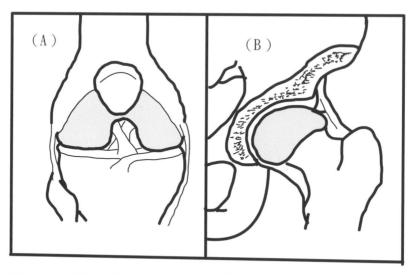

圖 11-1 骨科植入物應用示意圖 (A) 人工全膝關節與 (B) 人工髖關節

二、感染

(一) 植入物引起的感染與一般感染之差異

植入物所引起的感染與一般感染的差異，可由以下特性加以分辨：

1. 植入物所引起的感染，其受損組織細胞外基質會出現生醫材料或其降解物。
2. 植入物所引起的感染，其組織的細菌培養，會出現特殊菌種或多種菌種。
3. 植入物所引起的感染，對宿主免疫反應機制和抗生素治療，皆會出現阻抗反應，顯示頑強的微生物感染。
4. 植入物所引起的感染，其生醫材料會誘使無害菌種轉型成致命性微生物。
5. 植入物所引起的感染，會持續出現感染症狀，直到移出植入物為止。
6. 植入的生醫材料無法穩定存留在宿主體內。
7. 植入物所引起的感染，會出現細胞損傷或壞死。

(二) 常見的病原和感染種類

植入物引起的感染常見的病原如下：

1. **葛蘭氏陽性菌** G(+)strain：金黃葡萄球菌 (Staphylococcus aureus)、表皮葡萄球菌 (Staphylococcus epidermidis)。
2. **葛蘭氏陰性菌** G(-)strain：大腸桿菌 (Escherichia coli)、偽單球菌 (Pseudomonas aeriginosa)。
3. **黴菌**：念珠菌 (Candida)。

而依據感染症狀出現的時間及位置，可以將植入物引起的感染分為三種：

1. **淺層急性感染**：此為微生物生長在生醫材料周邊的皮膚，例如：微生物出現在燒燙傷敷料接觸的皮膚上。常見造成這一類感染的有金黃葡萄球菌、表皮葡萄球菌。

2. **深層急性感染**：此為手術植入生醫材料後，在植入位置立即出現感染症狀。通常為皮膚上的細菌，在手術過程中進到植入區域，並且增生造成。

3. **遲發性感染**：此為有可能在植入手術後數月至數年才發生的感染現象，一般皆認為是血流將致病微生物帶到病灶處所造成，然而沒有直接的證據足以證明上述說法，目前仍是原因不明。常見於牙齒感染。

（三）造成植入物感染的過程

細菌貼附在植入物表面，一直發展到臨床上出現感染現象，必須經過幾個過程才能達成，以下分述之，如圖 11-2。

1. **接觸**：此為微生物經由非專一性的交互作用與植入物表面接觸。由於這個階段的碰觸是一種可逆性的反應，因此此時細菌和植入物表面特性影響最大。

2. **貼附**：此為同時有非專一性及專一性的交互作用，所以發展出堅強的結合力。因此，在這個階段，微生物與生醫材料間的結合是不可逆性結合，且結合的強度與時俱進，至少需要數小時才能完成。

3. **聚集**：此為微生物在緊密貼附植入物後，隨即增生成菌落。此時這些微生物經常會分泌出多醣黏液，形成的生物膜 (Biofilm) 以保護微生物不受中性球或吞噬細胞攻擊。這個階段約發生在細菌貼附後一天。

4. **分散**：此為細菌由原始病灶轉移到身體的其他部位。經常是利用植入物移動、創傷、血流等所產生的剪應力分散到其他部位，最快可以發生在微生物貼附後兩天。

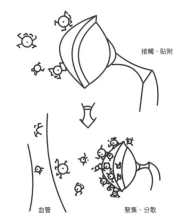

接觸、貼附

血管　　　　　聚集、分散

圖 11-2 微生物貼附至植入物表面後導致感染的示意圖

（四）細菌、生醫材料表面及介質的特性

　　理想的生醫材料表面是能抗菌且能提供體內細胞友善的生長環境，然而這兩項要件都是和可吸附在材料表面的蛋白質種類有關。儘管現在已有優良的表面改質技術，但是仍需對細菌、材料及介質的特性能有所區分，才能達到理想生醫材料的條件。各種特性如下：

1.細菌表面特性：葛蘭氏陽性菌與葛蘭氏陰性菌

　　葛蘭氏陽性菌具有一層雙層磷脂質膜與含肽聚醣的細胞壁，由於多醣體、磷壁酸等分子都與肽聚醣有關，所以這些分子皆能扮演葛蘭氏陽性菌與細胞外介質或生醫材料結合的媒介。

　　葛蘭氏陰性菌具有兩層雙層磷脂質膜，肽聚醣介於兩層膜之間，而多醣體、磷壁酸等分子則是穿透外膜與細胞或生醫材料接觸。此外，葛蘭氏陰性菌還具有細菌纖毛或菌毛的結構，可加強貼附細胞或生醫材料的強度。

2.細胞莢膜 (Cell capsule) 與生物膜 (Biofilm)

　　菌落外圍常常會出現一圈含多醣體的結構，此即為細胞莢膜。這些多

醣體可以協助菌落穩定地貼附在細胞壁上，同時可以隔開菌落黏液的區塊。這些菌落生成的黏液即為生物膜，上述組成可以抑制宿主的免疫系統，保護細菌成長。另外，細菌表面的厭水性及電荷分佈也會影響細菌附著在生醫材料的強度。

3. 生醫材料的特性

生醫材料表面的厭水性、帶電性、粗糙與否都會影響細菌貼附生醫材料的狀況。

4. 介質特性

植入生醫材料後，患部周邊的細胞外液組成，也會影響細菌貼附生醫材料的能力，例如：蛋白質、離子等。

(五) 參與細菌貼附的專一性及非專一性交互作用

細菌擁有接受體，可以和細胞外液的多種成分結合，而這些接受體，即稱作微生物表面成分辨識貼附基質分子 (Microbial surface components recognizing adhesive matrix molecules; MSCRAMMs)。例如：金黃葡萄球菌會利用微生物表面成分辨識貼附基質分子，和細胞外液的纖連蛋白 (Fibronectin)、玻璃體結合蛋白 (Vitronectin) 及溫韋伯氏因子 (Von Willebrand factor) 結合。

(六) 植入物相關的感染

植入物會誘使無毒菌種轉型成致病菌。這通常需經過以下過程：

1. 細菌貼附，細菌對宿主的免疫力或抗生素有抵抗力。
2. 細菌表面變得黏滑，以增加細菌的存活力。
3. 宿主的顆粒球嚴重耗竭。

基於上述的原因，得知可以透過植入物植入前的滅菌過程，有效地減少進入患部的細菌量，同時也可以預防細菌轉型成致病菌的機會。

(七) 預防感染的重要步驟

1. 減少細菌貼附的初始量。

2. 中止細菌繁衍轉化成黏滑態。

3. 研製抗菌生醫材料，例如：留置導管、骨科植入物、持續性釋放抗生素或銀離子等。

(八) 感染性實驗

　　細菌及植入物表面特性，會直接影響到體內細菌數量及感染的嚴重程度，例如：細菌表面附著性蛋白的種類及含量等，以及植入物表面厭水性、帶電性、平滑與否等。另外，活體實驗中呈現出感染的嚴重程度也是需要注意的。以下為感染性實驗需注意事項。

1. 細菌及植入物間的非專一性鍵結力：

　　細菌及植入物間的非專一性鍵結力，會受親脂性和電性影響，微生物貼附至碳水化合物(MATH)即為常見的表面親脂性例子。

　　微生物的表面電性可利用電泳量化，其方法為先將微生物導入導電膠中，放入已知離子濃度的電泳緩衝液，通電後偵測微生物的移動速度，即可計算表面電荷強度。此外，也可利用靜電化學色層法，分析微生物表面電荷特性。

2. 細菌及植入物間的專一性鍵結：

　　細菌及植入物間的專一性鍵結皆由蛋白質構成的，欲了解其專一性鍵結的情況，必須分析表面接受體的種類及數量，常見的分析法為 ELISA 及西方墨點。

3. 分析感染的體外實驗模式：

　　可以利用體外實驗結果預測活體實驗結果。此外，也可進行體外細菌貼附植入物的分析，以了解材料與細菌間的結合力。

依據體外實驗的結果再進行活體實驗，可以有效地減少活體實驗時所需的動物數量。在活體實驗中值得注意的，是植入物植入位置與實驗動物物種的選擇。

4. 活體感染模式建立：

活體實驗必須嚴格遵守實驗動物倫理規範。活體實驗常用鼠類和小動物進行，以分析篩選出新的生醫材料，但並非完整的植入物；完整的植入物必須由較大的動物建立實驗模式來分析。細菌可採取直接放在植入物上置入動物體內，或是直接注射進循環，以模擬感染源。

所有體內、外的感染實驗中，皆須留意探測各個時間點的變化，包含組織學和影像等，此時可利用電子顯微鏡觀察。另外，動物的血液樣本可分析白血球和淋巴球全時程的變化，直接反應出感染的嚴重程度，此時也可利用 ELISA 分析細菌細胞壁抗體在血液中的改變量重複驗證。

三、致癌性

（一）腫瘤

1. 腫瘤的種類及過程：

腫瘤的形成稱為 Tumorigenesis，過度不受控的細胞增生稱為贅生物 (Neoplasia)，腫瘤由增生的細胞（贅生物）、周邊結締組織和血管共同組成，一般可簡單分為良性腫瘤和惡性腫瘤。

腫瘤發生需要致癌物 (Carcinogen) 存在，致癌物能刺激 DNA 突變，使良性腫瘤轉型成惡性腫瘤。完全致癌物 (Complete carcinogen) 本身即具有促進惡性腫瘤生長的能力；致癌前趨物 (Procarcinogen) 則是藉由體內代謝過程轉化成致癌物。導致腫瘤的發生除了與致癌物存在與否有關外，也與個體基因突變量等有關係。

惡性腫瘤發生過程可分為初期、潛伏期（15-20 年）、發病期。

2. 植入物的致癌過程，可以由化學物質和外來物誘發：

　　惡性腫瘤之形成，可由化學性致癌物及外來物（植入物）誘發。植入物釋出化學性致癌物，經常是由碳氫為主的分子，造成植入後致癌的可能性。非化學性致癌物其本身不具致癌性，但是植入物體積較大時較容易引起這個現象。

3. 外來物導致腫瘤的時間變化：

　　(1) 細胞增生形成纖維囊，常見於周細胞 (Pericyte)。

　　(2) 這些纖維囊有可能會轉化成惡性，進入潛伏期，增生成腫瘤病發。

4. 致癌的可能性與植入物的化學特性有關：

　　致癌的可能性與植入物的化學特性有關，而植入物的化學特性、含菌量、與細胞間的相互作用等，都有可能誘發惡性腫瘤發生。

　　(1) 植入物表面的物化特性，即生醫材料本身的物化性以及植入物的表面處理後的特性。

　　(2) 植入物攜帶微生物的數量，儘管植入物經過滅菌程序後仍然有可能殘存微生物。

　　(3) 植入物會干擾細胞間連結。

　　(4) 植入物會干擾周邊的細胞生長。

　　例如外來物為小纖維（直徑大於 1μm、長度大於 8μm），吸入後會造成胸腔間皮瘤 (Mesothelioma)，之後小纖維再穿透細胞後，即會造成細胞核的機械性傷害，致使細胞突變成癌細胞。

先了解植入物的完形與材料，再利用聚乙烯 (Polyethylene) 製成相同形制的植入物作為控制組。

利用基因轉殖鼠 (RasH2) 對人體多種致癌物的敏感性，設計為期六個月的實驗。

四、鈣化

（一） 病理性鈣化

病理性鈣化是植入物植入失敗的常見因素。植入物在植入體內後，其表面或內在形成磷酸鈣結節，會影響到植入物的功能，此即植入物引起的病理性鈣化，例如：心瓣膜、節律器、尿道導管及人工水晶體。

1. 病理性鈣化的機制：

無論是天然材料或是合成材料，都有可能誘發病理性鈣化發生。為了保存及降低天然植入物的免疫性，植入物在處理時，會利用戊二醛製劑 (Glutaraldehyde) 和甲醛 (Formaldehyde) 浸泡，但是卻發現這樣處理過後的植入物，容易在體內引起病理性鈣化，如豬心瓣膜。初始植入體內後，鈣會沉澱在患部死亡的細胞或細胞膜碎片，之後形成磷酸鈣結晶。由於死亡細胞無法調控鈣濃度，導致高濃度的鈣及含磷的膜蛋白讓周邊細胞難以生存，結果便是造成更多的細胞死亡。病理性鈣化經常沿著膠原蛋白沉澱。此外，磷酸鈣結晶也可透過鹼性磷酸酶，進一步轉移到骨骼使之鈣化。

2. 減少病理性鈣化：

宿主的代謝、生醫材料的特性、植入環境的機械承受力，都會影響病理性鈣化。由於鈣化始於鈣離子沉澱於細胞碎片上，終止於其沉澱於植入

物周邊的膠原蛋白，因此可利用三價金屬離子(Al^{3+} 或 Fe^{3+})與鈣離子競爭磷酸根，以減少磷酸鈣沉澱；另外，也可將植入物浸泡在酒精或界面活性劑，以移除含磷膜蛋白，減少鈣化機會。

(二) 檢驗病理性鈣化的技術及實驗

1.鈣化的離體試驗模式：

鈣化的離體試驗模式之作法，是將植入物或生醫材料放入與植入區類似的生化環境中，如血液、尿液等，這些類似生化環境的液體，視需求可以是靜置系統，也可以是循環系統。在經過一段試驗時間後，將浸泡於液體中的植入物或生醫材料取出，分析其鈣化程度。由於這樣的方式不易複製活體狀況，因此這類的試驗多半是用來篩選新的生醫材料時選用。

2.鈣化的活體試驗模式：

常見活體試驗模式，有「將生醫材料進行皮下植入」以及「將完形植入物植入標的位置」等兩種。

(1) 皮下植入生醫材料模式：皮下植入生醫材料模式常利用大鼠、小鼠或兔子等實驗動物，將生醫材料植入皮下進行試驗。優點在操作容易，並且可以快速得到結果。可用於新材料試驗。但此模式並非植入物植入時的環境模擬，因此仍需配合其他模式探討。

(2) 完形植入物植入標的位置模式：活體試驗的另一種設計，是將完形的植入物植入標的位置。此時需要透過大動物來建立實驗模式，通常心血管用的植入物都需要經過這個步驟的檢測。由於這類實驗，植入過程耗時較長、複雜性高、且所費不貲，因此通常做為最後階段的試驗用。

3. 樣品分析：

    (1) 分光光度計分析：利用分光光度計，可檢測鈣離子濃度。鈣離子濃度愈高，則試劑的呈色反應愈強，所以可利用分光光度計觀察樣品吸光度作為顏色變化的指標，並與已知濃度的標準品比較，即可反推樣品中鈣離子的濃度。

    (2) 組織染色分析：樣品切片後，利用組織染色，可檢驗含鈣量及鈣離子沉澱的位置。

    (3) 掃描式電子顯微鏡或穿透式電子顯微鏡分析：利用掃描式電子顯微鏡或穿透式電子顯微鏡分析，亦可以用來確認鈣化的位置。

    (4) 能量色散 X 射線光譜分析：透過能量色散 X 射線光譜掃描，可定量出鈣離子、磷離子的濃度高低。

    (5) 傳統 X 光影像分析：為了追蹤活體實驗過程中鈣化的現象，可以利用傳統 X 光影像，分析鈣化的程度及位置，由於鈣化在 X 光片會呈現白色，量化其面積即可知鈣化的面積大小。

Chapter 12

藥物
傳輸

在這個章節中，我們希望帶領讀者：

1. 認識藥物進入人體後的代謝機制。

2. 了解藥物由劑型釋出的機制。

3. 認識各種控釋劑型的原理及其應用。

12

藥物傳輸

一、治療指數 (Therapeutic Index)

投予生物體一劑藥物後，藥物在生物體內的濃度隨時間變化的關係曲線，如圖 12-1(a)。藥物進入體內後，慢慢地會被吸收到血液中，所以藥物在血中的濃度會隨進入體內的時間而改變，所以在一開始藥物濃度會隨著時間增加而漸漸增加，直到血中的藥物濃度超過最低有效濃度時，藥物才能對生物體產生一定的效用，例如：止痛或退燒等。然而，當藥物濃度太高，以致超過中毒濃度時，則藥物對生物體產生了副作用，例如：紅疹、嗜睡等。隨著藥物在身體內經過肝、腎的代謝以及排泄作用後，血液中藥物濃度漸漸減少，一旦血液中藥物濃度低於最低有效濃度時，那麼藥效也消失了。從一開始藥物濃度超過最低有效濃度，一直到重新回到低於最低有效濃度的這段時間，稱為作用時間 (Duration)，而治療指數則是指最低藥物有效濃度和藥物中毒濃度間的差值，此數值愈高，代表藥物愈安全，容易維持藥效又不容易出現副作用。

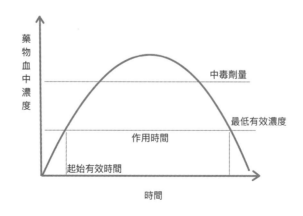

圖 12-1(a) 藥物在生物體內之濃度與時間關係曲線

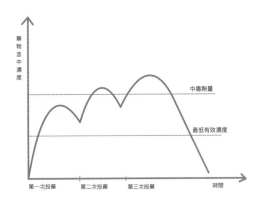

圖 12-1(b) 重覆投予藥物時，藥物在生物體內之濃度與時間關係曲線

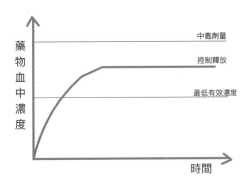

圖 12-1(c) 理想的血中藥物濃度隨時間變化的關係

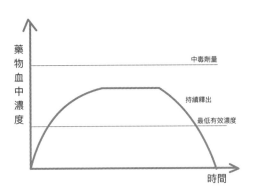

圖 12-1(d) 理想中的藥物吸收機制需能完全移出人體

圖 12-1 幾種不同的藥物代謝機制

反覆投藥時，則藥物的血中濃度變化如圖 12-1(b) 所示，藥物的血中濃度會出現起起伏伏的現象，而且由於藥物累積的效果，反覆投藥的次數愈多，則超過中毒濃度的時間愈長，生物體所感受到的副作用便愈大。對一個理想藥物而言，應該是藥物進入體內後，它在血液中濃度可以維持穩定，而且能夠介於有效濃度及中毒濃度之間，即藥物代謝排除的量和進入血中的量相同，這種狀況即為零級代謝，如圖 12-1(c)。而理想中的藥物吸收機制則如圖 12-1(d) 所示，進入體內後維持一定的有效濃度，而且在不需要（症狀解除）時，可以順利代謝排除離開人體。如果藥物釋出的機制可受控制，則稱作「控釋劑型」，本章將介紹幾種不同的控釋劑型。

二、控釋劑型

「控釋劑型」指的是藥物釋出的量或時間可以受控制，而其目的是在使藥物的血中濃度可以長時間維持在治療指數間，既能持續維持藥效，又不致於造成副作用出現。

（一）常見的控釋劑型

1. **擴散控制系統** (Diffusion control systems)：

可分為「膜控制儲存系統」及「單相均質基劑系統」。

（1）膜控制儲存系統 (Membrane controlled reservoir systems)

由一個藥物集中的核心及一單層聚合物薄膜組成。藥物釋出速率受到膜的厚度、物化特性及多孔性 (Porosity) 影響。膜不具有多孔性時，則藥物釋出的速率只受膜的厚度及膜的物化特性控制。在此狀況下，藥物釋出的速度為聚合物膜的擴散係數與聚合物膜內外藥物濃度差的乘積，如圖 12-2(a)。

膜具有多孔性時的狀況，藥物釋出的途徑除了可以透過膜的擴散作用外，尚可透過膜上的孔洞離開核心，所以孔洞的大小及數量以及周邊溶液，都會影響到藥物釋出的速率，如圖 12-2(b)。

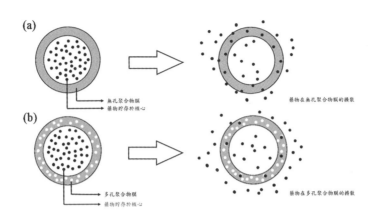

圖 12-2 擴散控制系統中的「膜控制儲存系統」：
(a) 包覆的膜不具多孔性，(b) 包覆的膜具多孔性

(2) 單相均質基劑系統 (Monolithic matrix system)

　　由溶解在聚合物的藥物如圖 12-3(a)，或溶解合併未溶解的藥物分散在聚合物如圖 12-3(b) 所組成。由於其藥物釋出靠擴散控制完成，因此藥物釋出的動力來源主要與聚合物內外的藥物濃度差成正比，而由於聚合物必須為非生物降解性材料，所以藥物釋出不受基劑影響。

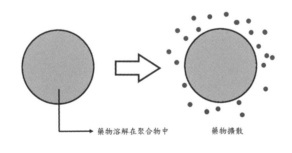

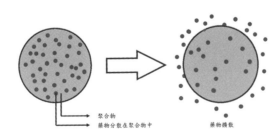

圖 12-3 擴散控制系統中的「單相均質基劑系統」：
(a) 單純由溶解在聚合物的藥物組成，
(b) 由溶解在聚合物的藥物合併未溶解的藥物共同組成

單相均質基劑系統中，單純由溶解在聚合物的藥物組成如圖 12-3(a)，其藥物釋出與藥物溶解在基劑的濃度有關。初期藥物濃度低於在基劑的飽合濃度時，其藥物釋出的速率可表示為 $\frac{dMt}{dt} = 2Mx[\frac{D}{\pi l^2 t}]^{\frac{1}{2}}$ 晚期藥物釋出的速率可表示為 $\frac{dMt}{dt} = \frac{8DMx}{l^2} \exp\frac{\pi^2 Dt}{l^2}$ 其中 Mt 為 t 時間點藥物釋出的量；Mx 為藥物溶解在聚合物時總量；D 為擴散係數；l 為藥物釋出時所需穿透的距離。

單相均質基劑系統中，由溶解在聚合物的藥物合併未溶解的藥物共同組成如圖 12-3(b)，此時藥物濃度可考慮為飽和濃液。這種劑型的藥物釋出速率可以公式表示：

$$\frac{dMt}{dt} = \frac{A}{2}\left[\frac{2DCsCo}{t}\right]^{\frac{1}{2}}$$

Cs：藥物在聚合物基劑的溶解度

Co：溶解及分散在基劑的藥物總濃度

A：表面積

2. **水滲透控制系統** (Water penetration controlled systems)：

可分為「滲透壓控制系統」及「基劑腫脹控釋系統」。

(1) 滲透壓控制系統 (Osmotic pressure controlled drug delivery systems)

滲透壓控制系統顧名思義，就是經由改變滲透壓，來控制藥物釋出的劑型，如圖 12-4。

圖 12-4 滲透壓控制系統示意圖

穿透半透膜的水分體積，隨著時間變化的關係如下：$\dfrac{dV}{dt} = \dfrac{A}{l} Lp[\sigma\Delta\pi - \Delta P]$，其中 A,l 分別是半透膜的面積跟長度；Lp 為膜的滲透係數；σ 為反射係數；$\Delta\pi$ 為滲透壓差；ΔP 為靜水壓差。因此，此系統藥物釋出的速率為 $\dfrac{dM}{dt} = \dfrac{dV}{dt} C$，其中 C 為藥物濃度。

(2) 基劑腫脹控釋系統 (Swelling controlled drug delivery systems)

這種劑型是利用聚合物崩解來完成藥物釋出。藥劑進入生物體後，生物體內的水分子會穿透到基劑（聚合物）中，基劑因為吸收水分，體積變大，分子間的鍵結也變得比較鬆散，藥劑內含的藥物分子因此有機會釋出（圖 12-5）。

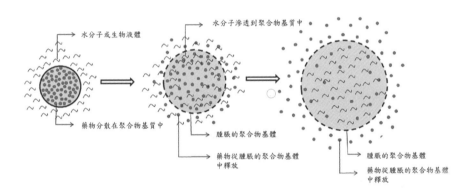

圖 12-5 基劑腫脹控釋系統示意圖

3. 化學反應型控制系統 (Chemically controlled systems)：

依藥物和基劑間的鍵結關係，可以區分為「聚合物 - 藥物分散系統」及「聚合物 - 藥物鍵結系統」。

(1) 聚合物 - 藥物分散系統 (Polymer-drug dispersion systems)

此類藥物的組成，是由藥物均質分散或溶解於生物性可降解聚合物構成的基劑中，隨著聚合物降解時，內含的藥物即釋放出來，因此聚合物降解的方式會直接影響到藥物的釋出，簡單區分聚合物降解的方式又可分為「表面侵蝕」及「整體降解」兩種。

· 表面侵蝕 (Surface erosion)

聚合物水解速率較水分子滲透進聚合物的速率快，例如：聚酸酐（Polyanhydrides）。此種劑型有機會達成零級釋出的理想狀況。通常這類劑型的藥物釋出，是合併擴散和表面侵蝕兩種機制一起完成，如圖 12-6。

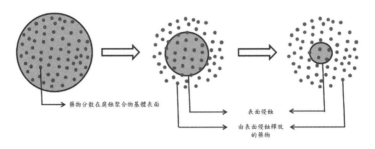

圖 12-6 聚合物 - 藥物分散系統中，利用表面侵蝕完成藥物釋出的目的，
屬於化學反應控釋系統之一

· 整體降解 (Bulk degradation)

聚合物水解速率較水分子滲透進藥劑的速率慢，例如：聚乳糖酸
Poly(lactic acid) 和聚甘油酸 Poly(glycolic acid)。

通常藥物釋出在這類的劑型，會是合併擴散和生物性降解兩種機制一起完成，如圖 12-7。

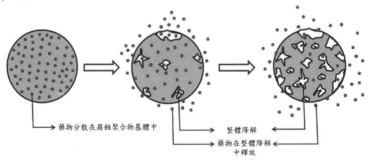

圖 12-7 聚合物 - 藥物分散系統中，利用整體降解完成藥物釋出的目的，
屬於化學反應控釋系統之一

(2) 聚合物－藥物鍵結系統 (Polymer-drug conjugate systems)

即五碳鏈系統 (Pendant-chain systems)。利用水解或是酵素活性分解藥物和聚合物間的鍵結，以達到藥物釋出的目的，如圖 12-8。其優點：易控制親水性藥物的釋出速率。

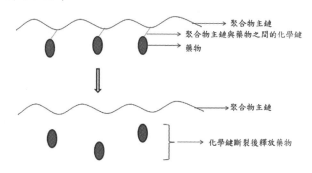

圖 12-8 聚合物－藥物鍵結系統中的藥物釋出，
必須要破壞藥物和五碳鏈間的共價鍵，才能完成

4. 刺激反應型系統 (Responsive systems)：

在適當的刺激引導下，這種系統會適時的釋放出藥物來，所以這類藥物控釋系統又稱作智慧型藥物控釋系統 (Smart delivery systems)。

刺激反應型系統中，藥物釋出的機制仰賴以下幾種配對反應：

· 水解／脫水反應 (Hydration/Dehydration)
· 溶解／沉澱 (Dissolution/precipitation)
· 腫脹／萎縮 (Swelling/Collapse)
· 親水性／厭水性 (Hydrophilicity/Hydrophobicity)
· 分相／降解 (Phase separation/Degradation)

刺激反應型系統依刺激分類為：

(1) 溫度反應型控釋系統 (Temperature responsive drug delivery system)

多數聚合物的溶解度會隨溫度上升而增加，因此利用改變溫度得以調整聚合物的溶解度，就能達成藥物釋出的目的了。

Poly(N-isopropyl acrylamide)，簡寫為 PNIPAM，是一個特例，如圖 12-9，這個聚合物的溶解度會隨著溫度上升而減少。

PNIPAM 的官能基和週邊的水分子鍵結後，形成隨機的螺旋結構，當溫度高於低臨界溶解溫度（Lower critical solution temperature, 簡寫作 LCST）時，厭水性官能基會造成脫水而使聚合物形成緻密的球狀結構，因而降低藥物在聚合物中的溶解度，達到藥物釋出的目的。因此，可以利用親水／脂性聚合物和其他聚合物共同聚合成聚聚合物的方式來調整 LCST，以控制藥物釋出的溫度，以符合需要。

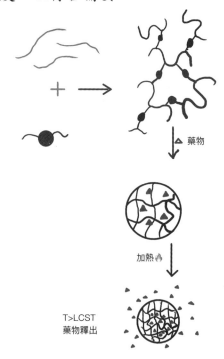

圖 12-9 PNIPAM 結構變化會影響到包覆藥物的溶解度

(2) 酸鹼反應型控釋系統 (pH-responsive drug delivery systems)

聚合物隨環境酸鹼不同，體積會出現腫脹或萎縮，這類的聚合物因帶有可離子化的官能基，例如：-COOH、-SO$_2$H、-NH$_2$、Poly(N-isopropyl acrylamide)、Poly(Acrylic acid) 或是幾丁質等。

　　由於體內會有明顯酸鹼質不同的位置，像是腸道、或是胃，故這類的藥物會在腸道或是胃崩解釋出藥物，如圖 12-10。

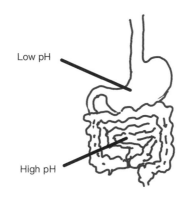

Low pH

High pH

圖 12-10 酸鹼反應型控釋系統在不同的酸鹼環境下所產生的結構緻密度不同，
當結構鬆散時，藥物即有機會釋出

(3) 溶劑反應型控釋系統(Solvent-responsive drug delivery system)

　　其組成是由不溶於水的生物性可降解聚合物、水溶性溶劑、藥物共同結合成的。當注射到生物體，生物體的水分子擴散進藥劑時，溶劑即擴散出聚合物結構，此時含有藥物的聚合物隨即沉澱出釋出藥物。常用於這類的聚合物為聚聚合物 Poly(Lactic-co-glycolic acid) 溶解在 N-methylpyrrolidone 中。

(4) 超音波反應型控釋系統(Ultrasound-responsive drug delivery systems)

　　利用生物可降解性聚合物作為藥物載體時，超音波增加聚合物降解速率以促使藥物釋出。例如 Poly(lactic acid) 或 Poly(glycolic acid) 可有效釋放胰島素或 p-nitroaniline 等藥物，而就算是在超音波外加能量的情況下，也不會破壞藥物分子的完整性。當利用生物不可降解性聚合物作為藥物載體基劑時，超音波增加藥物在基劑的擴散速率，這是應用超音波造成溫度增加的作用達到藥物控釋的目的。可以透過調整超音波的頻率、強度、周期長短、及作用時間來控制藥物釋放量。

(5) 電場反應型控釋系統 (Electrically responsive drug delivery systems)

在這類控釋系統中，外加電場是用來控制藥物釋放的時機。其系統含有帶有可離子化的官能基聚合物即聚電解質 (Polyelectrolytes) 作成的凝膠、及藥物。當施予電場至凝膠時，聚電解質會改變外型，變得比較彎 (Bending) 或皺縮 (Shrinking)，造成藥物釋出，這種方式有機會讓藥物釋放維持一個穩定的速率，即理想的零級釋出。此外，可以透過調整電流磁場、電脈衝維持時間及電脈衝間隔時間，來控制藥物釋放速率。常見的天然聚合物如幾丁質、玻尿酸和軟骨素 (Chondroitin sulfate) 等。而常見的合成聚合物如：部分水解型 Polyacrylamide(Partially hydrolyzed polyacrylamide)、Polydimethylaminopropyl acrylamide gels。例如：將部分水解 Polyacrylamide 凝膠組成藥物載體，浸入 50% 丙酮 - 水混合物中，置入白金電極片間，其凝膠出現體積相變與外加電壓有直接的關係。外加電場不僅將氫離子推至陰極，同時也推動凝膠內的 Acrylic acid 官能基作向陽極，這個推動力產生沿凝膠長軸方向非均勻的作用力，陽極較大，陰極較小，造成凝膠變形，即可釋出藥物；外加電場愈大，變形的程度愈大、速度愈快，當移除電場時凝膠即可恢復原狀。

5. 以粒子為基礎的系統 (Particle based systems)：

可分三類：

(1) 聚合微粒 (Polymeric microparticles)

一般而言，這類劑型的粒子直徑介於 1μm ~ 1000μm，是利用擴散原理促使藥物釋出。依外型可分為微膠囊及微球。

- 微膠囊 (Microcapsules)：藥物以聚合物薄膜包覆作為核心，此類劑型有可能達成零級釋出的目標，但是聚合物薄膜做不好時，反而會造成藥物短時間內大量釋出，而導致藥物過量的風險，如果要做得好，目前所需要的合成成本很高，故本類劑型尚未普及化。

· 微球型 (Microspheres)：利用微乳化聚合作用製成，因為無明顯外膜構造，故藥物均勻分佈在基質中，經由擴散釋出微球。這類的劑型很難達成零級釋出的理想狀況，並且也不容易控制分散的藥物顆粒大小，但是它的優點是合成的成本低，又不容易出現短時間大量釋出現象。

(2) 聚合膠粒 (Polymeric micelles)

這類劑型的粒子直徑介於 10 nm～100 nm 間，由具有親水性序列和親脂性序列的兩性分子組成的聚合物製備而成。

這類劑型可由厭水性序列形成包含厭水性藥物的核心，由親水性序列形成保護性外殼。製備過程中，聚合物的濃度必須調配到臨界濃度 (Critical concentration) 以上才會形成穩定的劑型。

由於結構及大小的關係，使得聚合膠粒具有可穿透至腫瘤內部，並滯留的能力，這個現象即為腫瘤促進穿透及滯留作用 (Enhanced permeability and retention)，造成這個現象有兩個原因：

· 腫瘤的微血管內皮缺損或不連續的特性，造成結構散亂不規律，促使對本類劑型的通透性增加。

· 腫瘤內的淋巴循環不健全，故藥物進入後滯留時間延長。

適用本類劑型的厭水性藥物，如 Paclitaxel、Indomethacin、Amphotericin B, Adriamycin 及 Dihydrotestosterone 皆可被 Poly (propylene oxide)、Polycaprolactone、Poly(lactic acid)、Poly(ortho esters) 及 Poly(aspartic acid) 做成的聚合膠粒劑型包覆，成功地傳送到體內。

目前這類劑型也利用 Poly(Ethylene glycol) 作為親水性藥物傳遞的媒介。可用來作為基因治療的傳遞媒介有：Pluronic tri-block copolymers of poly(ethylene oxide)x-poly(propylene oxide)y-poly(ethylene oxide)x

(3) 微脂粒 (Liposomes)

由鱗脂質構成，例如：磷脂醯膽鹼 (Phosphatidylcholine)，其親水性的部分排列向內形成核心，外部為親脂性的脂質結構排列成厭水膜。依大小可分為：

- 單層囊 (Small unilamellar vesicle)，粒徑介於 25 nm ～ 100 nm。
- 多層囊 (Large multilamellar vesicles)：粒徑介於 100 nm 至數毫米間。

當微脂粒的大小超過 200 nm 時，進入體內後很快地就受到內質網系統清除，此時可藉由外加一層 Poly(ethylene glycol) 來增加保水性以防被快速清除。另外，在微脂粒表面結合特定的配體 (Ligands)，可以達到將藥物傳送到特定組織的目的。

Chapter 13

生醫材料衍生醫療器材創新設計內涵

在這個章節中，我們希望帶領讀者：

1. 認識生醫材料衍生醫療器材設計內涵。

2. 了解生醫材料衍生醫療器材創新設計元素。

3. 認識生醫材料衍生醫療器材設計原則及應用。

13

生醫材料衍生醫療器材創新設計內涵

一、生醫材料衍生醫療器材之創新設計元素

　　進行生醫材料衍生醫療器材產品開發時，必須考量創新設計內涵，這內涵包含設計元素與設計原則。醫療器材（Medical Device）是指包括診斷、治療、減輕或直接預防人類疾病，或足以影響人類身體結構及機能的儀器、器械、用具及其附件、配件、零件等。依據組成特性，常把它分成三種類別，分別為「醫療電子類醫療器材」（例如：陽壓呼吸器、達芬奇醫療機械人、心肺功能機、生理回饋儀、電腦斷層掃描、超音波機、腕隧道症候群微創光刀、醫用雷射），以及「生醫材料類醫療器材」（例如：敷料、醫用導管、骨填補物、組織隔離膜、隱形眼鏡、注射器、人工腎臟等），和「輔助器具類醫療器材」（例如：義肢、外骨骼、助行器、輪椅、電動代步車等）。

　　生醫材料即生物醫學材料，一般是指具有良好生物相容性而可植入、置入、結合入活體系統中，以取代或修補部分活體系統，或者直接和活體接觸而執行生命功能的天然來源或人工合成材料。目前生醫材料的概念可延伸至包括藥物傳輸系統、生物感應器，甚至支援身體功能的體外醫療器材所用的材料。在製造醫療器材時，除了考量所使用材料的物理性質、化學性質外，還需考量生物性質，即所選用材料與人體組織、體液、血液等接觸時的反應，即生物相容性。所謂的生物相容性，涵蓋了當材料和人體組織、體液、血液等接觸時，其介面或各自所發生的一切現象，例如：蛋白質的吸附、血栓的產生、免疫反應、炎症反應、細胞凋亡現象、毒性及分解行為等。所選用的生物醫學材料在臨床應用上如同藥物一般，必須通過相當嚴謹的體外和動物實驗，進而臨床試驗後才可被製成醫療器材而認證上市，而臨床試驗的規劃還需要考量到醫療倫理等因素。

在生技醫療新產品技術的設計發展過程中，生技醫療產品生命週期大致會考量依循技術採用生命週期（Technology Adoption Life Cycle）結合品類成熟度生命週期（Category Maturity Life Cycle）來解決不同發展階段所面臨的發展瓶頸，並透過不同的創新手段來突破，如圖 13-1。例如技術採用生命週期的早期市場階段（I）可採破壞創新手段，技術鴻溝階段（II）可採應用創新手段，保齡球效應階段（III）可採開發新市場和現有產品的新用途之應用創新手段。旋風階段（IV）具有大眾市場吸引力爆炸性應用出現，可投入現有市場上的現有產品開發新特性和功能之產品創新手段。主街道階段（V）市場成長的爆炸性階段結束，市場份額基本已確定，可採平台創新手段，定位現有產品以在市場中扮演新角色。

當然這些創新手段的選擇，主要因為在生技醫療新產品技術的設計發展各階段會吸引不同特質的使用者，並由這些不同特質的使用者帶動市場發展。例如，喜歡研究會顛覆市場前瞻新技術產品的創新者（Innovator），有新技術產品先見之明且有問題亟待務實解決的早期採用者（Early adopter），在意產品實用性對於採用新技術產品比較謹慎的早期大眾（Early majority）。破壞創新手段常可帶來顛覆市場的前瞻技術產品，應用創新手段常可帶來市場發展困境問題的解決，而產品創新手段常可帶來更體貼的產品使用經驗，至於平台創新手段可為產品的使用帶來群眾集體感動。這裡所談到技術採用生命週期之早期市場（I）、技術鴻溝（II）、保齡球效應（III）、旋風（IV）、主街道（V）等階段在市場視角中只處於市場萌芽（A），進一步，還須面對市場成長（B）、市場成熟（C）、市場下滑（D）及市場終點（E），不論使用破壞創新手段、應用創新手段或產品創新手段，只要是生技醫療產品都會面臨材料、機構及臨床限制等因素的考量，而作為考量的關鍵設計元素。

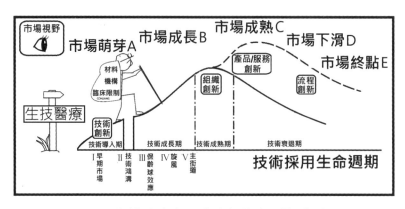

圖 13-1 生技醫療產品生命週期與創新突破圖

（一） 「材料」設計元素

將生醫材料依據材料種類來分類，大致可分為「金屬」、「高分子聚合物」、「陶瓷」和「複合性材料」等四大類。

在這四大類中，「金屬類生醫材料」所衍生的醫療產品，在臨床應用上大致以手術器械、骨科內外固定裝置及齒科植體器械，甚至在微創手術器械等領域為主。在「陶瓷類生醫材料」臨床應用方面，則以植入式骨科填補材料與齒科植體外冠或包覆體等領域器械為最主要臨床應用，而生物陶瓷（Bioceramics）材料—氫氧基磷灰石（Hydroxyapatite; HAp）是人體骨骼組織的主要成分，亦屬於「陶瓷類生醫材料」。

至於在「高分子聚合物類生醫材料」臨床應用方面，由於具有易加工生產，高張力韌性，高機械強度，耐磨耗性，耐酸鹼性和良好生物相容性等特色，而被廣泛應用，可以是拋棄式或不可拋棄式，可分解或不可分解的植入、置入或體外應用。而高分子聚合物類生醫材料依來源又可分類為「合成高分子類生醫材料」和「天然高分子類生醫材料」，例如：存在動物體內組織，透過萃取純化與重組或超臨界脫細胞形成之膠原蛋白材料屬於「天然高分子類生醫材料」，有良好的生物相容性並可製作成多孔性的結構，臨床上可作為組織填充材料、組織修復支架、皮下醫學美容注射針劑、骨科填補物或傷口敷料等。聚對苯二甲酸乙二酯（PET），具有耐磨、韌性佳、抗拉伸、

機械強度好、耐酸鹼、質量輕、植入穩定性與耐久性良好等特點，應用於人工韌帶，屬「合成高分子類生醫材料」。應用於關節軟骨的超高分子量聚乙烯（Ultra-high molecular weight polyethylene，UHMWPE），應用於血液透析的聚碸（Polysulfone，PSU），應用於人工水晶體的聚甲基丙烯酸羥乙酯（PolyHEMA），都是重要的「合成高分子類生醫材料」。「複合性材料類生醫材料」由至少兩種不同的材料複合而成，利用不同材料的功能性特點滿足不同的臨床使用目標。例如：帶負電荷的多醣類海藻酸鈉，可作為止血敷料、藥物載體，若結合帶正電荷幾丁聚醣則可形成複合性材料類生醫材料，應用於神經導管之製作，又或是聚對苯二甲酸乙二酯（PET）與生物陶瓷混摻可形成作為人工韌帶之複合性材料類生醫材料。

（二） 「機構」設計元素素

　　醫療器材之設計元素除了「材料」元素之外，如表 13-1，另一個關鍵醫療器材的設計元素為「機構」元素。醫療器材的主體常由一個或若干個機構組成，通過不同機構的組合來實現特定的機械性運動，達成臨床需求實踐之目的。合適的機構是醫療器材不可缺少的元素。醫療器材的機構主要是用來傳遞運動和力，且有一個運動單元體作為構件來連動系統實踐臨床需求，例如：將人工水晶體置入並留置在眼球所涉及注射器械機構。又例如：為了將腎臟中結石震碎並取出之臨床需求，所設計之碎石機、高能雷射、取石網或取石棒等醫療器材機構。

（三） 「臨床限制」設計元素

　　醫療器材之設計不論材料之選擇及機構的開發，最重要的設計元素還是在臨床應用上的「臨床限制」元素，例如：操作之溫度、濕度、酸鹼度、靈敏度或是強度。像是施行手術的時間雖然可選擇，但不宜過久延遲的手術，醫療器材產品之設計所涉及之材料及機構，就必須滿足時效的限制，如骨水泥之注入或臨床處置時間長短及方式，限制了產品的材料元素及機

構元素設計。又像是急症手術，需在短時間內迅速施行，在機構元素設計上，就趨向立即速效的機構及材料設計，例如：快速止血敷料、電燒止血、組織黏合劑等。若是為了達到治療目的而進行多次手術，如一次完成手術或是需間隔一定時間分次完成手術，就必須考量永久使用的植入物或是臨時替代的植入物，或是能滿足多次偵檢的植入物或是避免手術遺置的臨時支撐物等。因此，滿足各種臨床需求之臨床限制元素是生醫材料衍生醫療器材之設計與應用的關鍵設計元素。

表 13-1 巴斯特 - 約瑟生醫材料衍生醫療器材創新設計潛力評估表

醫療器材產品創新設計流程與內涵自評		
創新設計五步流程評估	數據輔助手段	創新設計三段內涵評估
（一）步驟一：需求定義 　　選擇臨床需求產品 （二）步驟二：現行方案分析 　　市場既有產品分析 　　市場既有技術分析	專利資料庫 仿單資料庫	（一）設計元素評估 1. 材料 2. 機構 3. 臨床限制
（三）步驟三：智財布局強度評估 　　專利地圖分析 　　關鍵技術發展趨勢分析 　　技術功效紅藍海分析	專利資料庫 仿單資料庫	（二）設計原則評估 1. 安全性 2. 功能性
（四）步驟四：系統性創新設計 　　功能元素解構評估 　　創新設計方向評估 　　技術進化原則評估	功能屬性分析 發明原理 演化趨勢	（三）設計創新要件評估 1. 新穎性 2. 進步性 3. 臨床應用體貼性
（五）步驟五：醫療器材商品化評估 　　標的設計風險評估 　　標的設計侵權評估 　　標的設計上市評估 　　標的設計效益評估		

(四) 醫療器材創新設計考量——以眼科微創醫療器材設計為例

接著藉由針對眼科微創醫療器材應用於人工水晶體（Toric intraocular lens）器械之設計，來進行三大醫療器材創新設計元素解構。在眼科微創醫療器材中，應用於人工水晶體器械之設計，可試著考量材料元素、機構元素及臨床限制元素等三面向來做分析。

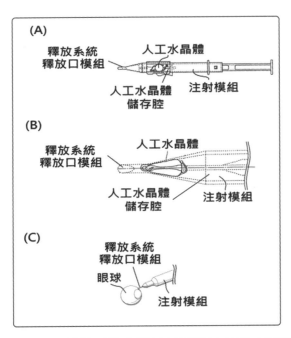

圖 13-2 眼科微創醫療器材創新設計考量元素圖

在材料元素面向中，注射模組的材料必須具備一定的機械強度、生物相容性、耐酸鹼性、滅菌承受性等。釋放系統釋放口模組的材料因為會接觸眼球，甚至侵入眼球，因此在材料選擇上必須考量高生物相容性等。而人工水晶體儲存腔模組的材料則必須考量低摩擦性、特定表面張力、低沾黏性等，如圖 13-2。

在機構元素面向中，必須區隔注射模組、釋放系統釋放口模組、人工水晶體儲存腔及其中之人工水晶體等，並進行模組機構之個別設計與整合設計。例如考量要點一：注射模組之設計必須考量模組的結構強度以及注

射的方便性等。例如考量要點二：釋放系統釋放口模組必須考量模組的結構圓滑性、尖銳性及可控性，使臨床應用時可以最有效率且低破壞性地將人工水晶體傳送至眼球中。例如考量要點三：人工水晶體儲存腔必須考量模組對人工水晶體定向地固定與穩定儲存。例如考量要點四：人工水晶體必須考量有效率展開固定在合適的位置。

在臨床限制元素中，一是生理組織結構上的限制，例如：眼球之視覺呈像具有方向性，並且眼球是相當脆弱且精細的器官。在眼球內部腔體或表層之微小組織結構中進行臨床處置，便是醫護人員處置手段及醫療器材設計的基本限制。例如：人工水晶體置入的手段，從夾持置入式醫療器材容易傷害眼球表面，並在置入時不易控制定位角度及力道，因白內障手術中眼球空間小而必須利用操作槓桿及操作維度的調整，從二維平面操作到三維立體操作，將切割操作之醫療器材與置入操作之醫療器材合併，手術操作區域由眼球表面到遠離眼球之範圍，這都是醫療器材產品設計之臨床限制。又例如，已置入人工水晶體會在眼球中展開，並透過支撐模組固定於眼球。然而，從人工水晶體置入眼球並且展開，目前是一個連續性自動展開的設計，並且臨床上在眼球微小空間中要進行人工水晶體轉向或重置極為困難，臨床上要瞬時調整展開位置與角度又是另一個困難。因此，針對眼科人工水晶體相關器材開發，這樣的臨床限制便引導醫療器材創新設計進行突破，定位式人工水晶體注射器，將會是下一階段設計發展的重要元素。定位方法又是另一個多樣設計變化的重點。這也是軟式隱形眼鏡往高階生醫材料衍生醫療器材提升的重要方向。

二、生醫材料衍生醫療器材之設計原則

(一) 安全性及功能性原則

　　有關生醫材料衍生醫療器材的安全有效性，在《醫療器材和體外診斷試劑醫療器材安全和性能基本原則》文件中，採用 ISO/IEC Guide 51：2014 安全的定義為「無不可接受風險」（Unacceptable risk），而有效的定義則為「醫療器材或體外檢測試劑醫療器材（IVD medical device）在絕大多數目標人群中具有顯著臨床效果」。美國 FDA 在其法規 21 CFR 860.7 中對醫療器材「安全」和「有效」分別進行描述，即「當醫療器材的安全性可基於明確的科學證據來確定，該科學證據表明：在預期用途和使用條件且具備充分指導和對不安全使用警示的情況下，使用該醫療器材對健康帶來的可能益處超過可能風險，則使醫療器材的安全性得到合理保證。」與「當醫療器材的有效性可基於明確科學證據來確定，該科學證據表明：在絕大部分的目標人群中，在具備充分的指導和對不安全使用的警示的情況下，按預期用途和使用條件來使用該醫療器材可提供臨床上的顯著效果，則使醫療器材的有效性得到合理保證。」，各國醫療器材註冊會依照法定程序，對擬上市醫療器材的安全性、有效性進行系統評價，以決定上市許可。因此，安全性、有效性、系統評價等評價原則便直接連動著產品設計的核心。產品設計亦需要考量「醫療器材監管科學」，即，基於科學證據，確保安全有效，並為監管決策提供科學依據、方法、工具與標準。美國 FDA 將監管科學定義為：「開發新工具、標準和方法來評估受 FDA 監管產品在全生命周期的安全、有效、質量和性能的科學」。

1. 生醫材料衍生醫療器材安全性及有效性評價之具體差異：

安全性及有效性二者是獨立的概念，其作為醫療技術的獨特性質均可被測量並研究。安全的定義基於風險的可接受性，而有效的定義基於受益的可接受性。但風險的可接受性離不開受益，受益的可接受性也離不開風險。安全性及有效性之間有很多相似點，兩者的概念都不是絕對的，因為都通過受益或危害的機率和重要性來評價。安全性及有效性必須考量臨床問題、受影響人群、以及使用條件等要素。雖然評價安全性或有效性在很多方面是相輔相成的，但在評價的具體方向是有區別的，進一步來說，生醫材料衍生醫療器材安全性及有效性還需透過風險管理來實現，例如：

(1) 受影響範圍差異

在評價生醫材料衍生醫療器材有效性時，通常是考慮在預期用途上有限且具體的受益。在評價生醫材料衍生醫療器材安全性時，需考慮最廣泛的風險範圍。

(2) 受影響人數差異

生醫材料衍生醫療器材有效性評價主要針對適用人群得到受益的多數病人。對生醫材料衍生醫療器材安全性評價來說，風險評估需要考量少數病人所受到的危害。若生醫材料衍生醫療器材可以使很多病人受益，但其中極少數受益病人需要冒極大的風險，則對安全性評判，將會取決於整體風險與受益的權衡。

(3) 可預期性差異

對於生醫材料衍生醫療器材新產品，會針對特定受益來進行評價，而其有效性是可預期的。在評價生醫材料衍生醫療器材安全性風險時，危害通常是未知或非預期的，因此，對於這些危害必須通過預先評價以確認風險可接受程度。

(4) 受影響時程差異

生醫材料衍生醫療器材在使用後所觀察到的受益容易先被顯露。在使用後所發現的風險，如不良事件，常會晚於所觀察到的受益。

2.醫療器材安全性及有效性需透過風險管理來實現：

醫療器材產品創新設計上，應透過風險管理來確保醫療器材產品在創新設計上的安全性與有效性，除了滿足上市審查及臨床需求外，更重要的是保障臨床使用者的健康和生命安全。從醫療器材產品的研製、生產、經營、使用及監督管理上，「安全有效」對於醫療器材產品創新設計極為重要。

醫療器材產品的安全性及有效性之考量，是由其相關的研製、生產、經營、使用及監督管理等主體來共同實現評估。醫療器材產品的概念基於臨床需求，其全生命週期歷經設計開發（包括設計驗證相關的台架試驗和生物學評價、設計轉換、及設計確認相關的動物實驗和臨床評價等）、註冊申報、上市營銷、規模生產、質量控制、上市後追蹤、市場反饋等諸多環節。醫療器材安全性與有效性管控，是透過包括產品設計開發在內的完善的品質系統風險管理來實現。在風險管理（Risk management）中，需針對產品預期用途和使用條件，積累充足的風險及受益相關的科學證據，這是醫療器材產品安全有效的內部保障。所有醫療器材監管系統，包括法規、標準、指導原則等，以及良好生產規範、上市前監管（含系統核查、審評、審批等）、上市後監管（含上市後臨床研究、不良事件收集、質量抽查、產品召回等）是醫療器材產品安全有效的外部保障，都應該作為醫療器材產品設計考量的一環。透過掌握醫療器材產品設計安全性與有效性，更能掌握國際醫療器材產品技術審評的核心，實現在醫療器材產品全生命週期內，均能達到預期安全和性能要求。

因此，醫療器材產品在初期設計階段，就必須導入安全性與有效性的評估及風險評估手段，可參考歐盟所採用「ISO 14971:2007 醫療器材風險

管理」來進行風險評估手段之規範。一般而言，醫療器材產品有基本安全性與有效性的要求必須滿足，針對不同的產品，還必須滿足其他特定且具體全面的安全性與有效性要求。對於產品設計安全性與有效性的判定，最終還要基於風險／受益比，即風險可接受原則來評估，這是醫療器材產品設計者必須作為關鍵考量因素的。

隨著科技的突飛猛進，創新醫療器材產品及技術產品不斷出現，對於這些創新設計安全有效性之確保是相關開發者、審查管理者及使用者的重要挑戰。針對這些挑戰，醫療器材創新設計應隨時留意監管系統的訊息及監管科學的手段，而作為產品創新設計及風險管控的重要參考，也可避免創新設計在產品上市後可能發生的臨床使用風險。

3. 利用技術文件摘要（STED）對安全性及功能性評估：

生醫材料衍生醫療器材之設計原則必須重點考慮安全性及功能性，主要因為安全性及功能性為醫療器材產品上市使用之關鍵條件。根據 GHTF 指引，醫療器材 EP/STED 查驗登記申請資料中涉及「風險分析與控制」、「設計與製造」及「產品查證與確認」等考量與醫療器材的風險等級有關，可作為生醫材料衍生醫療器材設計時，具體且系統化安全有效性原則思考之依據。例如，第三等級醫療器材，必須具備檢驗測試報告及／或原始紀錄等資料。醫療器材之創新設計參考 STED 必須考量如下要點：

(1) 創新設計的目的，包括預期用途。

(2) 創新設計主要適用病患群與病況。

(3) 創新設計的操作原料與臨床限制之關聯性。

(4) 創新設計產品將歸屬的等級與適用的分級歸類。

(5) 創新設計所提供之新穎性能。

(6) 結合創新設計使用所可能引發之附件設計、其他醫療器材與其他非醫療器材模組設計。

(7) 創新設計可能形成型式或是進化設計空間。

(8) 創新設計關鍵功能要素，如其零件／組件、配方、構成、功能及設計基本圖示及解說。

(9) 創新設計關鍵功能要素所含材料的概述，以及與人體直接或間接接觸之材料的概述。

　　一般性醫療器材產品及技術設計，必須參考產品查驗登記認證與確效資料，在創新設計時，必須考量滅菌、生物相容性、電性安全與電磁相容性、軟體驗證、含動物或人體細胞、組織或其衍生物之器材的生物安全性、創新設計所含藥用物質的相容性、創新設計安全性與性能直接證據的動物研究與臨床結論，其中生物相容性的量測係根據國際標準 ISO10993 來規範，更涉及醫療器材生物學評價之風險評估與管理，所有試驗都應以最終產品來評估風險。

　　例如：醫用口罩屬於接觸人體皮膚的醫療器材，根據 ISO 10993-1:2018 需要做體外細胞毒性、皮膚刺激性、皮膚敏感性基本三項試驗評估生物相容性風險。倘若醫療器材產品與臨床使用者不會接觸，則可以不用進行生物相容性試驗，例如：耳溫槍的耳溫套仍會與臨床使用者接觸，仍然需要進行基本三項生物相容性測試。

　　體外診斷醫療器材（IVD）之創新設計則參考體外診斷醫療器材 STED 所包含內容，IVD 之創新設計可參考產品查驗登記認證與確效關注要點，例如檢體類型（Specimen Types）、準確度（Accuracy）、校正品與品管材料的追溯性（Traceability of Calibrators and Control Materials）、分析靈敏度（Analytical Sensitivity）、分析特異性（Analytical Specificity）、分析法之量測範圍（Range of Measurement）、分析法閾值（Cut-off）之確認、安定性（未含檢體安定性）、電性安全與電磁相容性、軟體查證與確認以及臨床證據。

(二) 專利迴避性原則

　　生醫材料衍生醫療器材的商品化過程，實屬於高投資風險及高資金抱注的事業。因此，在生醫材料衍生醫療器材之設計上，除了滿足生醫材料衍生醫療器材依據法規之安全性及功效性的原則外，還必須在設計階段就釐清相關產品技術是否在專利上沒有侵權的顧慮，因此，專利迴避性不可忽視地應作為生醫材料衍生醫療器材設計重要原則之一。

　　專利迴避設計（Design-around/ Invent-around）源於英、美，是企業對抗侵權指控的一項回應策略。從模仿他人專利出發，並對專利侵害成立要件有充分了解，尋求具有市場價值與不侵害他人專利的創造成果。專利迴避設計可依專利迴避設計實行步驟檢核表來進行，如表 13-2。

表 13-2 專利迴避設計實行步驟檢核表

實行步驟檢核	實行項目	檢核備註
□步驟 1	釐清分析主題（IPC）	
□步驟 2	檢索相關專利並製作相關專利摘要表及清單目錄。	
□步驟 3	確認相關專利的請求項的元素是否都必要且確認是否存在限制。	
□步驟 4	檢查專利核心技術中是否存在因技術特徵及功能應用而產生的潛在缺點。	
□步驟 5	盤點新的設計方向、問題與結論。	
□步驟 6	評估潛力方案並列出可行性評等。	
□步驟 7	評估最終迴避設計和標的專利設計的具體差異及商品化實踐所面臨困難及帶來之優勢效益。	

1. 生醫材料衍生醫療器材考量專利迴避性設計之過程：

(1) 資訊蒐集過程

蒐集資訊的過程，包括市場與產品訊息的蒐集、專利資訊的分析與蒐集。關於專利資訊檢索分析與蒐集，隨著目的不同，會解讀分析出不同的資訊。在從事創新設計之專利迴避考量時，所要蒐集的資訊，主要包括專利的技術特徵、功能以及專利權人。因為專利權人分析可以識別出競爭者，而專利的技術特徵與功能分析資訊則有助於分析某個技術所能解決的問題、技術的功能與相關參數。

(2) 請求項及專利景觀報告（PLR）解析

利用引證分析形成「專利景觀報告」（Patent landscape reports / PLR），可以代表技術向前發展的軌跡。而請求項的廣度與深度決定了專利的景象，如圖 13-3。

(3) 迴避設計的應用方法

解決「非必要的元素」、「限制的類型」、和「潛在的不利條件」是迴避設計的可行途徑，其中刪除「非必要的元素」是最常見的迴避設計方法。

(4) 可行性和侵權分析

在專利迴避設計流程完成後，即針對每個方案進行是否可能侵權的分析。此過程可以對整個迴避設計進行回饋：如果設計方案中有侵權的可能，除了該方案應該放棄外，也應對整個設計流程進行檢討。

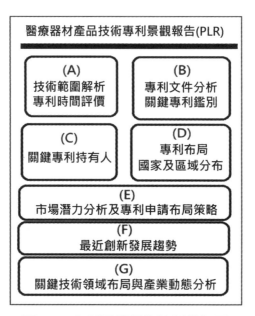

圖 13-3 專利景觀報告範例模板圖

2.生醫材料衍生醫療器材專利迴避性考量之關鍵課題：

專利迴避設計是指讓產品或技術，成功擺脫其他已知專利權利範圍的作為。針對專利迴避性設計考量關鍵問題解決之考量因素如下：

(1)「要件元素減法」因素

可針對非必要元素，不影響產品功能時，進行專利申請專利範圍請求項移除，又或是直接針對「要件元素減法」減去要件元素進行產品設計。

(2)「均等論限制困境」因素

限制困境和瓶頸是迴避設計產品的缺陷，以發明解決技術缺陷。例如：在專利侵權中常見到「均等論」宣告，不能以單純的尺寸改變等方式進行產品設計，即是設計上的限制困境，因此系統化的設計思維是突破「均等論限制困境」的重要手段。

(3)「未揭露之潛在不利條件」因素

專利或技術中有害的交互作用或是副作用，不會描述在專利請求項資訊中，因此必須以新的設計克服問題。然而，如同克服「均等論限制困境」一樣，在設計的過程必須避免「均等論」的問題。此時由於功能分析能解決的多是同一技術水平中得到最佳解決方案的問題，較難解決潛在性的問題。可以透過技術演進趨勢分析，往下一個可能產生的新技術來思考可能更為有效。

3. **生醫材料衍生醫療器材專利迴避設計性考量策略：**

生醫材料衍生醫療器材的專利迴避性設計避免侵害他人專利之申請專利範圍，考量產品安全性風險可以簡單以模仿為出發，安全有效實質對等為考量，進行持續性的創新與設計。

(1) 安全有效實質對等為考量之組合（Combination）策略
(2) 安全有效實質對等為考量之解構（Decomposition）策略
(3) 安全有效實質對等為考量之取代（Replacement）策略
(4) 安全有效實質對等為考量之移除（Elimination）策略

4. **生醫材料衍生醫療器材專利迴避性設計之具體作法：**
(1) 刪減專利請求項中技術特徵要素。
(2) 以替代方法置換現有專利揭露技術防止文義侵害。
(3) 實質性改變元件、功能、手段、結果，任意組合防止均等論侵害。

5. **生醫材料衍生醫療器材專利迴避性設計市場評估：**

在考量設計之專利迴避性時，市場環境評估因素很重要。市場環境評估觀察重點主要是企業與市場產品與其智財關係的評估與觀察，例如：推出新產品可能會面臨專利侵權訴訟的風險、爭取產品其他相關技術的專屬

權並突破阻擋原廠商技術保護的專屬範圍、市場上主流產品或技術標準實質歸屬判斷。因此，利用專利的技術功能矩陣紅藍海分析，結合迴避設技巧，考量技術發展趨勢及時間發展趨勢，使專利迴避性設計精準地在法律保障範圍及限制區域定位。

Chapter 14

生醫材料衍生醫療器材之創新設計要件與流程

在這個章節中，我們希望帶領讀者：

1. 認識生醫材料衍生醫療器材創新要件與流程的重要性。

2. 了解生醫材料衍生醫療器材創新要件組成與流程的架構。

3. 認識生醫材料衍生醫療器材創新要件的評估與實踐。

14

生醫材料衍生醫療器材之創新設計要件與流程

一、生醫材料衍生醫療器材之創新設計要件

(一) 新穎性要件

生醫材料衍生醫療器材設計創新考量的新穎性要件，和專利新穎性基本上是一致的。專利之新穎性是指申請專利的發明或實用新型是新的、前所未有的、未被公用和未被公知的。一般而言，新穎性要件是指創新設計在提出專利申請前，沒有同樣的專利在國內外具有專利權。

生醫材料衍生醫療器材創新要件設計的新穎性原則，有「公開標準」、「時間標準」及「地區標準」三個面向的重要標準，並且必須考量專利新穎性的六大特點作為檢視依據，即「時間性特點」、「地域性特點」、「直接不同性特點」、「技術性特點」、「公示性特點」及「客觀性特點」。

生醫材料衍生醫療器材創新設計考量新穎性要件，在智慧財產權戰略中具相當重要性，特別是因為產品商品化必須有大規模的資源投入，包含時間、經費、人力及物力。專利戰略為智慧財產權的子戰略，對於產品創新設計利用法律保護目標市場、獨占現有市場、搶占潛在市場、獲得最大化利潤極為關鍵。

新穎性為授予專利權的首要實質性條件。在智慧財產權戰略執行上，應更重視專利新穎性應用。而產品設計須留意的是，若改進技術特徵與專利範圍獨立項中的技術特徵有一個或一個以上不相同，也不等同就不構成侵權。大量的改進性發明創造，若可以在習知技藝基礎上完成，並具備新穎性，又不侵犯他人專利權，可以是生醫材料衍生醫療器材創新設計創新的捷徑。同時，對既有專利進行研究，發現缺陷，作出改進，然後提出專

利申請，也可作為產品創新設計開發之具體保障，也是生醫材料衍生醫療器材創新設計過程中重要的專利戰略手段。

除了產品創新設計上考量新穎性，更可進一步透過專利多層次權利要求的表達，形成多種技術方案，更進一步確保設計具有新穎性。同時具備多種技術方案，可使現有競爭或潛在競爭者不易在此專利技術基礎上加以改進，達到生醫材料衍生醫療器材設計之新穎性要件的最大效益。

（二） 進步性要件

專利三要件包括「產業利用性」、「新穎性」與「進步性」。在生醫材料衍生醫療器材開發之設計要件，亦將進步性要件納入關鍵要件。依照 1994 年《與貿易有關的智慧財產權協定》（Agreement on Trade-Related Aspects of Intellectual Property Rights），無論是產品還是工藝，所有技術領域內的任何發明，只要該發明是「新」（New）、包含「創造性步驟」（Inventive step），且「工業可適用」（Susceptible of industrial application），均可取得專利，即專利三要件：新穎性、進步性與產業利用性。因此，此論述成為全球專利保護訂定最低限度的保護要件。

然而不同區域智慧產權監管單位對於「新」、「創造性步驟」以及「工業可適用」並無定義。且針對「進步性」之判斷，各國的用語與判斷方式也存在相當的差異。對於專利之取得，由於進步性扮演專利取得的關鍵因素，也因此，在生醫材料衍生醫療器材開發之設計上必須特別留意進步性因素。

專利進步性評估的原則，可作為生醫材料衍生醫療器材開發設計之進步性要件參考。例如：臺灣地區對於「進步性」認為「所屬技術領域具有通常知識者依申請前之先前技術所能輕易完成者，仍不得取得發明專利」。其判斷標準係以「所屬技術領域具有通常知識者」是否在申請日「習知技藝」

下，可以「輕易完成」。而中國大陸地區「進步性」概念係指「突出的實質特點和顯著的進步」，並認為該技藝之人並無創造力，且具備「非顯而易見（Non-obvious）」特徵來進行判斷。至於美國之進步性評估亦考量「非顯而易見」且評估手段主要包含四大步驟：1.確定習知技藝的範圍和內容；2.確定習知技藝與所審查發明之間的區別；3.明確相應領域的普通技術水平；4.其他輔助性參考因素。適用 TSM 評估法，即指利用「教導／提示／動機（Teaching／Suggestion／Motivation）」標準來評估確定「具備顯而易見」或「不具顯著性」。

　　意即，面對所需解決的技術問題，透過習知或現有技術文獻，或是透過該技術領域之人已有的知識，可以發現現有技術教導或提示之某種組合或結合，又或是可以提供創作設計的動機相結合，則該創作設計是顯而易見，不具顯著性。歐洲之進步性評估，係以創作設計相對於習知技藝而言，對於該領域技術之人是「非顯而易見」。歐洲對於創作設計是不是具備專利的判斷標準，則採「問題和解決方案（Problem-and-Solution Approach，PSA）」法，主要包含三階段：1.確定最接近的習知技藝；2.確定創作設計的區別特徵和創作設計實際解決的技術問題；3.判斷要求保護的發明對本領域技術人員來說是否顯而易見。對於本領域技術之人水準之確認則採「能－會」判斷法，即不僅以該領域技術人員「能」結合習知技藝，而且還能成功合理預期將可激發該領域技術人員「會」結合，才是顯而易見的。

（三）臨床應用體貼性要件

　　既然是生醫材料衍生醫療器材之設計，那麼對於實際臨床需求的滿足更是重要。若是生醫材料衍生醫療器材之設計只顧及到新穎與進步原則的話，而不能達到臨床應用性，就不算是成功的設計。然而，滿足臨床需求亦有層次的差異，可以是恰好滿足臨床需求上處置、治療或照護之輔助，

或是進一步考量到醫護人員及病患同步防護、省力、感染預防等體貼的設計。考量臨床應用體貼性要件的設計，即是所謂情感設計的概念，也是以人為本的設計原則（Human-Centred Design；HCD），即將真實的人置於解決問題中心的設計方法，在設計過程的每個階段，首先要考慮使用者及使用環境。

生醫材料衍生醫療器材的設計常需要考慮許多基本因素，例如：材料選擇、製造方法、產品銷售方式、成本、實用性、產品易用性及市場與法規要求。但是，常被忽略卻相當重要的設計要件就是臨床應用體貼性，而這也是決定此類產品創新設計層次的重要關鍵。

生醫材料衍生醫療器材的設計和使用方式，應該直接面對醫病互動的情境考量，特別是醫護人員照護病患由病徵所導致身心不適而經歷緩解到健康的過程，會有相當強烈的情感成分，所以在這過程中所使用的醫療器材產品若具有情感成分，將對於產品臨床應用上達到情感層次的功效，例如：癌症病患疼痛管理貼片、乳房整形術後照護敷料、人工植牙舒眠手術系統、微小化的腸胃道膠囊內視鏡、海豚嘴型留置軟針、洗腎人工瘻管及無痛分娩手控麻醉注射器等。

在設計上，導入情感設計的臨床應用體貼性，是高階或高值生醫材料衍生醫療器材設計的重要要件。臨床應用體貼性之情感設計可分三個層次，有「本能水平設計」、「行為水平設計」和「反思水平設計」三種，簡單來說，即著眼於產品的外觀、功能及價值。例如：可攜式創新負壓傷口治療（NPWT）的產品之開發，目前設計都過度笨重，複雜且昂貴，並且患者在使用過程失去活動自由，又直接可以看到滲液等物質被吸收導致心理不適和生理不適的氣味。因此，滿足居家照護的需要和患者輕鬆接受治療的NPWT產品設計，雖有其廣大臨床需求，但必須理解患者的情感和需要，考量臨床應用體貼性，例如：開發更便利更換且更換不沾黏或拉扯肉芽組

織的高階敷料（例如 PARSD PVA 醫用海綿），或開發靈活可攜式電池供電負壓裝置，又或是開發方便照護觀察或智能提醒（例如 SIMO 負壓傷口治療系統之視覺化顯色帶、觸覺感壓鈕及聽覺回饋系統設計），同時可避免患者心理不適的組織液收集系統，以上皆成為臨床應用體貼性要件之情感設計目標及具體醫療器材產品具體實踐。

　　總結來說，生醫材料衍生醫療器材臨床應用體貼性要件，應注意細節方面的設計，貫徹人性化、情感化的設計理念，且臨床應用介面應友好，並需從細節處體現設計的人文關懷，以及提高臨床使用簡便性、安全性及舒適性，來滿足醫護患者的使用需求、情感需求及審美需求。

（四）通用設計性要件

　　生醫材料衍生醫療器材之設計要件，若考量高齡養護及康復器材開發時，必須考量通用設計性要件，並滿足「公平性原則」、「靈活性原則」、「易操作性原則」、「有感性原則」、「寬容性原則」、「省能性原則」和「空間性原則」等七大通用設計評估原則。

二、生醫材料衍生醫療器材之創新設計流程

　　進行生醫材料衍生醫療器材創新設計時，必須先理解臨床與市場需求，並釐清標的產品所涉及的技術範圍與定義。

（一）醫療器材設計需求洞察評估

　　一般而言，在生醫材料衍生醫療器材之創新設計流程初始階段，先要進行洞察設計評估，如圖 14-1，透過對人、物、關聯、環境、五感及價值等方面的解析，利於聚焦及理解臨床與市場真正的需求，定義創新設計所涉及標的產品及相對應技術之範圍。

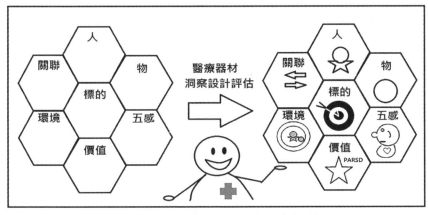

圖 14-1 醫療器材設計需求洞察評估圖

（二）現行醫療器材設計方案解析

1. 標的需求之競品搜尋：

　　市面上有許多生醫材料衍生醫療器材，因此臨床需求確認後，必須清楚界定標的需求之產品所涉及的技術範圍與定義，並且進行現有及習知技術與商品之盤點。

　　最直接的手段，是先分析標的需求之競品現況，有效的競品現況分析，主要可透過產業評估報告及屬地上市登錄資料兩個面向來達成。在產業評估報告中，會針對國際及關鍵區域市場前五大至前十大相關企業及商品進行一系列分析，這樣的訊息直接提供了第三方認證的重要競品項目。例如，在區域市場上市資料登錄平台上，透過各國生醫材料衍生醫療器材監管機構之公開平台，進行直接關聯與間接關聯產品仿單分析，如此可明確得知區域市場的競品種類、布局、技術細節特徵與相關檢測規範，例如：透過美國食品藥品監督管理局（FDA）以及臺灣衛福部西藥、醫療器材、特定用途化粧品許可證查詢（TFDA）系統。

總和上述兩大面向所匯集的訊息，對於標的需求之競品及現行方案即可有多角度的評估，並利於對標的需求之競品及現行方案進行技術與功能之解構，如圖 14-2，界定技術組件與功能之關係。這樣的解構，可作為智慧財產布局強度及專利地圖分析的核心骨架。

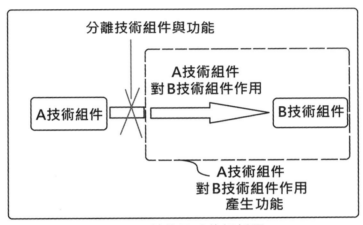

圖 14-2 技術及功能解析圖

2. 技術及功能解析：

為了有效率進行標的需求競品之技術與功能解析，可以利用物質作用場分析（Substance-Field Analysis）模型來進行。物質－作用場分析模型的功用，是透過可視化的圖像分析，對系統進行檢查，以解決無效系統，或造成有害影響系統的問題。

一般而言，具有功能的機構設計大都是由工具組件、目標組件與作用場等三元素所組成，如圖 14-3。在生醫材料衍生醫療器材的設計上，則可解讀為關鍵技術組件、臨床標的組件與作用場三元素建構之臨床功能組件場模型，來表達相對臨床實踐關係。S1 是達成臨床需求功能實踐之工具（關鍵技術組件），S2 是需要透過改變、加工、修飾、位移、發現、控制、實現作用之目標（臨床標的組件），F 則代表能量、力、物理和化學的效應等驅動能力使 S1 轉化作用至 S2 或是使 S1 與 S2 相互作用影響。例如：骨

水泥注射器（S1）、骨水泥（S2）和醫護專業者施加注入力（F）所構成物質作用場模型，如圖 14-4。

　　基本上所有臨床需求功能，都可解構成臨床功能組件場模型三元素。一個存在的臨床需求功能，一定是由這三元素所組成。將三個元素交互作用，一定會產生一特定功能，但不一定是臨床需求功能。主要原因在於生醫材料衍生醫療器材，仍有許多臨床及法規上的限制。

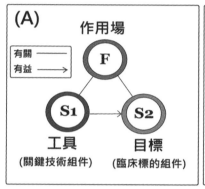
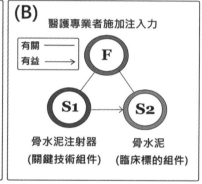

圖 14-3 物質作用場模型法：
（A）傳統模式及（B）生醫材料衍生醫療器材設計模式

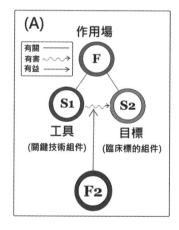
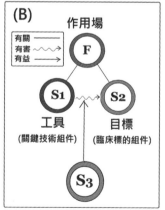

圖 14-4 完整卻有害系統之解決方案：
（A）新作用場導入法及（B）新工具導入法

3. 智財布局強度分析：

在進行智慧財產布局強度分析的第一步，是先確認專利檢索工具及專利檢索方式，例如：利用美國專利局平台或是 Google Patents 進行關鍵字、期間、企業之搜尋，建立專利地圖，如圖 12-5。常用的專利分析項目包含專利摘要分析、專利趨勢分析、所屬國（地區）分析、競爭公司（專利權人）分析、IPC 分析、專利技術及功效解構魚骨圖、專利技術週期圖、技術功能矩陣、技術功能紅藍海矩陣、企業標的潛力產品落點分析、進化趨勢、進化原則、技術工程參數、發明原則突破分析、專利迴避分析、潛力產品及技術發展性分析等，這些分析可作為創新設計的重要依據。

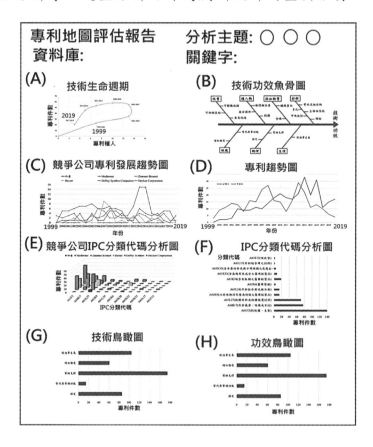

圖 14-5 專利地圖評估報告範例圖

4.標的產品技術專利探勘：

　　創新設計與專利布局策略息息相關，專利布局可以區分為「策略性專利布局」與「技術性專利布局」。其中技術性專利布局通常被稱為專利探勘（Patent Mining）。藉由專利系統性分析，進一步改變現有的專利技術的部分作用原理或元件，再將現有專利技術加以延伸、開發，藉以發掘出更多可能的專利，特別是紅藍海技術功效分析及進化趨勢分析，更是專利探勘的強力手段。而藉由專利探勘發掘出有價值的專利，首先要進行專利分析，然後在分析後將所得的資料和資訊，以系統性的思考方法，再開發出可能的新技術、新商品。專利探勘和傳統的創新研發有所不同，後進市場廠商發現市場中已經存在具有先占優勢的廠商或產品時，必須突破先占廠商的優勢，以期在市場獲得一席之地，常見的迴避設計就是一種專利探勘的模式。

　　近年來，一些系統性的專利探勘方法逐漸被採用，例如：TRIZ 理論。TRIZ 代表的意思是「發明性問題解決理論」（Theory of Inventive Problem Solving），其強調之發明或創新，可依一定的系統化程序與步驟進行，而非僅天馬行空的腦力激盪。不過，透過簡單引導自由發想的導引性設計，仍具有方便操作快速切入的優點。例如：奔騰法（SCAMPER）。

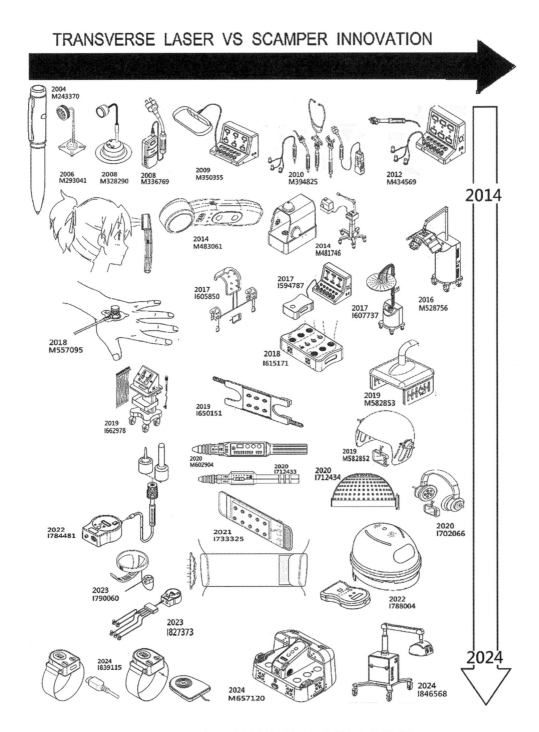

TRANSVERSE LASER VS SCAMPER INNOVATION

2004
M243370

2006
M293041

2008
M328290

2008
M336769

2009
M350355

2010
M394825

2012
M434569

2014

2014
M483061

2014
M481746

2017
I605850

2017
I594787

2017
I607737

2016
M528756

2018
M557095

2018
I615171

2019
I650151

2019
M582853

2019
I662978

2019
M582852

2020
M602904

2020
I712433

2020
I712434

2020
I702066

2022
I784481

2021
I733325

2023
I790060

2022
I788004

2023
I827373

2024
I839115

2024
M657120

2024
I846568

2024

圖 14-6 醫療雷射創新設計與智財策略趨勢圖

(三) 生醫材料衍生醫療器材之創新設計

1. 生醫材料衍生醫療器材之導引性創新設計：

　　生醫材料衍生醫療器材之創新設計，常會利用奔騰法（SCAMPER）或心智圖或頭腦風暴，透過思維導引來進行，在實務設計上又以奔騰法（SCAMPER）特別常用，並可有效率地產生變更設計。SCAMPER 的操作係透過 7 個思維切入點引導設計，即：替換（Substitute）、整合（Combine）、調整（Adapt）、修改（Modify）、其他用途（Put to other uses）、消除（Eliminate）與重組（Rearrange），有助於檢核具有現狀調整潛力的新構想。利用這些變化，可作為新產品設計建議或作為橫向思維的出發點，並可利用 SCAMPER 檢核表來引導思考。SCAMPER 法對生技醫療器材的設計，是個相當便捷有效的工具，有助於一系列高端創新醫療器材的開發，如圖 14-6。在口腔醫學健康管理臨床應用中，種類繁多的創新口腔醫學醫療器材及口腔衛生照護器材，利用 SCAMPER 法將能在產品設計開發上事半功倍，進一步若能與臨床機構研習合作，更能使產品設計掌握臨床情境與需求，提高 SCAMPER 法設計效益。Dentway International Dental/Medical Group 是一個完整的垂直及平水整合的口腔醫療體系，其中包含牙醫醫院、牙科診群、牙體技術所、牙材事業、醫務管理、數位醫學影像整合及教育中心，設有全臺灣第一家牙醫口腔醫院，有完整的牙醫專科臨床照護團隊，常與學校舉辦口腔醫學健康管理相關實作研習課程，透過課程傳遞臨床並引導學員積極參與相關口腔醫學照護產品之設計開發（德威國際口腔醫療照護產品設計獎），當結合 SCAMPER 法與臨床需求時，更可得到許多特別且符合臨床需求的產品靈感與設計。在睡眠醫學健康管理或情緒管理領域，透過 SCAMPER 法與臨床需求亦可有效地得到考量以人為本的創新醫療照護輔助產品，如 Transgene Biotech. 利用生物性壓力調節情

緒技術（BioPEAT）結合深壓刺激、混和材質觸摸療法及智能頻率呼吸導引的 MindUP 情緒睡眠導引綿羊抱枕，如圖 14-7。

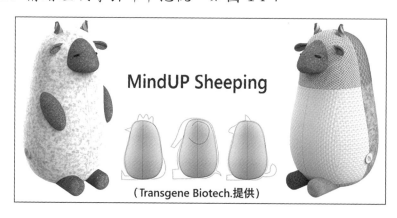

圖 14-7 以人為本的睡眠醫學健康管理創新輔助產品設計

2. 生醫材料衍生醫療器材之系統性創新設計：

系統性創新方法 TRIZ 理論，是「Theory of Inventive Problem Solving」的縮寫，是由前蘇聯科學家 Genrich Altshuller 所開發，到 1985 年完成發明性問題解決方法（ARIZ）。利用 TRIZ 理論進行專利布局設計，以不同發明原理與結構，降低侵權的可能，解決原本專利潛在的技術缺陷。

（四）醫療器材技術創新設計多層次專利組合布局策略

在醫療器材的智財布局上，因商品化的過程會涉及多層次的技術突破，並形成產品競爭障蔽，可考慮進行多層次智財布局，配合商品化過程的法規限制，構築多層次技術專利布局屏障。透過醫療器材創新設計的多層次專利組合（Patent Portfolio）布局評估，首先從現有產品相關專利來看，與其同一層次的是將習知技藝進行性能的改變，或是元件的改變，但這不容易產生攻擊性的專利。在醫療器材產品之創新設計上，可考量往技術的上、下游發展，即往上游的生醫材料創新設計來改變專利布局，而往下游的臨床需求衍生應用創新設計來改變專利布局。

1. 醫療器材產品技術創新設計之上游智財布局：

進行上游的生醫材料創新設計，能透過材料之創新設計，連動一系列相關技術及系統的產生，例如：敷料材料轉化為多孔性敷料材料或複合性敷料材料，或透過表面修飾形成新材料。又例如：3D 列印醫療器材產品，原聚焦於骨科醫療器材開發，受限於熱熔法而利用聚乳酸酯作為主要材料。隨後相關產品朝向創新 3D 生物列印醫療器材產品原料進行開發而衍生出海藻酸鈉材料系統，也因為海藻酸鈉材料系統在 3D 列印醫療器材產品創新設計的推廣衍生出低溫 3D 列印醫療器材產品，例如醫療用低溫 3D 列印系統、低溫 3D 列印墨水、細胞列印墨水等一系列創新醫療器材產品及技術，並成功商品化創造新的臨床應用及市場，進一步導入去細胞間質膠原蛋白原料，更為此醫療器材產品技術發展，提供更寬廣應用空間。

2. 醫療器材產品技術創新設計之下游智財布局：

進行下游的臨床需求衍生應用之專利布局，能將現有產品相關設計專利的商業化空間進行限縮，將會是有效的專利布局。關於臨床需求衍生應用方面，主要是為了特定臨床需求所開發的材料、器械及手段，依據過往的經驗都會連動地衍生許多創新臨床應用的發展，更進一步可聚焦於臨床應用途徑的創新設計或是輔助系統的創新設計。例如：由硬式隱形眼鏡，衍生軟式隱形眼鏡，衍生置入式人工角膜，衍生植入式人工水晶體，衍生植入式近視鏡片等，而植入式人工水晶體有衍生出輔助的人工水晶體釋放系統等開發設計。又例如：負壓引流治療用的醫療聚乙烯醇發泡棉（BMC-Cenefom PVA Foam）或仿生聚乙烯醇發泡棉（PARSD B-PVA Foam）用於滿足大規模燒燙傷、褥瘡、糖尿病足及骨科治療的臨床需求，又因為具有優異的吸收性、導流性及抗沾黏性，進一步可創新設計衍生應用於耳鼻喉手術輔助醫療塞棉或女性私密處照護塞棉，或進一步衍生相關輔助醫療器材的開發。

在這樣臨床需求衍生應用的發展下，會進一步誘發滿足衍生應用之功能性、安全性及需求體貼性所伴隨的技術配合、技術輔助及技術整合行動，包含材料、機構與製程，進而建構出系統化專利設計多層次布局，如圖 14-8。

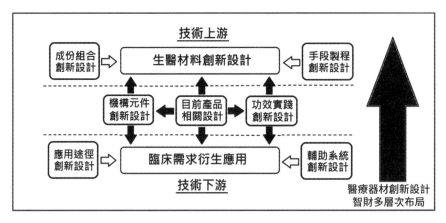

圖 14-8 產品技術創新設計系統化智財多層次布局

Chapter 15

生醫材料衍生醫療器材之設計瓶頸與解套思維

在這個章節中,我們希望帶領讀者:

1. 認識生醫材料衍生醫療器材設計瓶頸與解套思維。

2. 了解生醫材料衍生醫療器材設計瓶頸解套思維之架構。

3. 認識生醫材料衍生醫療器材設計瓶頸解套思維之實踐。

15

生醫材料衍生醫療器材之設計瓶頸與解套思維

一、生醫材料衍生醫療器材設計瓶頸之解套思維

(一) 設計瓶頸解套思維與心理慣性

在設計思考的過程中，最常發生的思路障礙就是心裡慣性（Psychological Inertia）。心理慣性會誘導進入習慣運用的思考模式解決問題，而停在舊有思維系統中。習慣運用的思考模式，常常是受限於自身專業力不足，知識不夠寬廣。常見的設計開發之心理慣性，就是利用嘗試錯誤法（Trial and Error）或頭腦風暴法（Brainstorming），特別是幼時所被教導的科學研究模式，也就是經過不斷的試誤直到問題的解決，或是利用天馬行空的發想，直到尋到合適的方法。總之，要試著放下常用的設計思維習慣，以導入系統化思維手段，去解決設計問題。

(二) 設計瓶頸解套思維與系統優化工程參數

生醫材料衍生醫療器材設計在商品化進程後，會面臨到一連串商品競爭性的挑戰，而商品競爭性的挑戰，則會連動創新商品的開發與突破。這時，生醫材料衍生醫療器材設計瓶頸就會頻繁地出現。面對這樣的生醫材料衍生醫療器材設計瓶頸，便需要一個解套思維來應變。在系統化設計方法論中，常會使用許多已經歸納的原則用來引導思考，避免設計者落入心理慣性（Psychological Inertia），造成思考限制與框架。最著名的系統化創新設計方法，就是透過導入系統優化工程參數來協助分析，而這也幾乎涵蓋在生醫材料衍生醫療器材開發的工程思維之參數需求。

一般而言，這些系統優化工程參數可歸納成六大群組面向，形成可引導生醫材料衍生醫療器材設計之有力工具，如表 15-1，而在應用上，可直接利用單一系統優化工程參數來進行思考，或是將單一系統優化工程參數導入創新發明原則進行思維突破，更或是利用系統優化工程參數對應之惡化參數衝突矩陣的發明原則，來解決策略突破，如圖 15-1。

表 15-1 生醫材料衍生醫療器材設計系統優化工程參數

幾何	資源	害處
3. 移動物體的長度 (Length of moving object) 4. 不動物體的長度 (Length of nonmoving object) 5. 移動物體的面積 (Area of moving object) 6. 不動物體的面積 (Area of nonmoving object) 7. 移動物體的體積 (Volume of moving object) 8. 不動物體的體積 (Volume of nonmoving object) 12. 形狀 (Shape)	19. 移動物體的消耗能量 (Energy spent by moving object) 20. 不動物體的消耗能量 (Energy spent by nonmoving object) 22. 能量耗損 (Waste of energy) 23. 物質耗損 (Waste of substance) 24. 資訊損失 (Loss of information) 25. 時間耗損 (Waste of time) 26. 物質總量 (Amount of substance)	30. 作用於物體有害因素 (Harmful factors acting on object) 31. 有害副作用 (Harmful side effects)
物理	**能力**	**操控**
1. 移動物的重量 (Weight of moving object) 2. 不動物體的重量 (Weight of nonmoving object) 9. 速度 (Speed) 10. 力 (Force) 11. 張力、壓力 (Tension, Pressure) 17. 溫度 (Temperature) 18. 亮度 (Brightness) 21. 功力 (Power)	13. 物體的穩定性 (Stability of object) 14. 強度 (Strength) 15. 移動物體的耐久性 (Durability of moving Object) 16. 不移動物體的耐久性 (Durability of nonmoving object) 27. 可靠度 (Reliability) 32. 可製造性 (Manufacturability) 34. 維修能力 (Repair ability) 35. 適應性 (Adaptability) 39. 生產力 (Productivity)	28. 量測的精確度 (Accuracy of measurement) 29. 製造的準確度 (Accuracy of manufacturing) 33. 使用便利性 (Convenience of use) 36. 裝置的複雜性 (Complexity of device) 37. 控制的複雜性 (Complexity of control) 38. 自動化程度 (Level of automation)

惡化參數	01	02	03	04	05	06	07	08	09	10	11	12	13
發明原理	03.08 10.40	03.10 08.29	15.09 14.04	15.29 28.11	17.10 14.16	32.35 40.04	03.10 14.24	02.35 24	21.35 11.28	08.28 10.03	10.24 35.19	35.01 16.11	

惡化參數	14	15	16	17	18	19	20	21	22	23	24	25	26
發明原理		02.35 03.25	34.27 06.40	03.35 10	11.32 13	21.11 27.19	36.23	21.11 26.31	10.11 35	10.35 29.39	10.28	10.30 04	21.28 40.03

惡化參數	27	28	29	30	31	32	33	34	35	36	37	38	39
發明原理	11.28 11.23	32.03 01	11.32 01	27.35 02.40	36.02 40.26		27.17 40	01.11	13.35 08.24	13.35 01	27.40 28	11.13 27	01.35 29.38

圖 15-1 改善「可靠性 27」系統優化工程參數之對應惡化參數發明原理突破手段圖

（三）設計瓶頸解套思維與衝突分析

　　將專利設計之內涵，轉換成衝突問題來分析，而在衝突分析中，主要在於界定為了滿足特定臨床需求之功能可能產生的設計衝突性質、種類與範圍。一般而言，可歸納為「物理衝突」與「技術衝突」。視問題本質類型，可以從衝突矩陣中對應歸納所得的對應解套思維發明原則來進行處理。

1.技術衝突：

　　一般而言，當遇到技術衝突時，通常可以透過衝突矩陣展開問題剖析。當期待改善特定功能之系統優化工程參數時，常會伴隨出現對應的惡化工程參數。此時可依據產品技術功能屬性分析的結果，找出欲改善特性以及避免惡化特性，並依循衝突分析模式，尋求問題之解決與更佳化，因而深入該技術領域之問題，產出「深度衍生專利」，或可形成專利障壁或包圍式專利。

　　而從另一個角度來看，專利所對應的衝突問題（改善工程參數與惡化工程參數），可以透過工程參數衝突矩陣中所對應之解套思維發明原則轉

化成創新策略。除了所選定的方案外，其餘解套思維發明原則所轉化之方案，則可作為廣度的系統化專利技術布局之參考，例如：地毯式專利布局。

2. 物理衝突

物理衝突是指兩設計參數產生物理性的衝突與對立，例如：冷與熱、長與短。在設計上，常會面臨具有一個期待參數特性但卻同時會帶來非期待參數特性的衝突狀態，而這衝突狀態，可以通過衝突分離的方法來解決。常用的四種衝突分離手段有：空間分離、時間分離、部分分離、條件分離。

表 15-2 解套思維發明原則

空間分離	時間分離	條件（狀態）分離
1. 切割原理	15. 動態化原理	35. 性質改變原理
13. 反向途徑原理	10. 事前作用原理	40. 複合材料原理
3. 局部特性原理	19. 週期作用原理	31. 多孔性物質原理
2. 萃取原理	26. 複製原理	38. 加速氧化原理
24. 假借中介原理	16. 部分／過度作用原理	28. 力學系統取代原理
17. 其他維度原理	18. 機械振動原理	36. 相變原理
4. 改變對稱原理	11. 事前緩衝原理	39. 惰性環境原理
14. 曲面化原理	21. 快速作用原理	12. 等位勢原理
7. 嵌套原理	29. 液氣壓結構原理	32. 變色原理
30. 彈性膜與薄膜原理	34. 刪除與再生原理	
	37. 熱膨脹原理	
	20. 有效作用連續性原理	
	9. 事前反作用原理	
轉換至其他系統之分離		
轉換至超系統	轉換至子系統	轉換至替代系統
22. 轉害為利原理	1. 切割原理	35. 性質改變原理
23. 回饋原理	25. 自助原理	25. 自助原理
5. 合併原理	7. 嵌套原理	8. 籌碼平衡原理
33. 均質原理	27. 非持久性原理	6. 多功能原理

　　將專利設計之內涵，透過衝突分析，可界定滿足特定臨床需求之功能可能產生的設計衝突性質、種類與範圍。進一步來說，還可由常見系統衝突工程參數，引發解套思維發明原則之應用。

　　常見的解套思維發明原則（Inventive Principles），可提供設計所遭遇的工程問題或對應衝突問題系統化思考途徑。進一步來說，針對設計問題的解決，可將四十項解套思維發明原則與四大分離原則相對應，直接為設計瓶頸提供設計突破更有效的導引作為。若簡單地依據設計經驗進行分類，如表 15-2，可以看到例如切割原理與空間分離之對應，又例如性質改變原理與條件狀態分離之對應，而不同對應之分類思考，仍可作為思維突破的工具。

二、生醫材料衍生醫療器材設計瓶頸之解套思維突破

（一）生醫材料衍生醫療器材設計瓶頸解套思維與九屏分析突破

　　當一個設計之進行，除了利用大數據歸納技術及產品趨勢進行分析外，亦可透過生醫材料衍生醫療器材九屏分析，去補足並突破系統化，引導有可能遺落的重要訊息，如圖 15-2。這樣的訊息，可以透過九屏分析對系統、其放大的超系統（整合、環境）或其解構的子系統（技術模組、單元）進行時間軸演進分析，而與技術軸演進分析對應評估。而所謂時間軸演進分析，即透過將系統、超系統與子系統進行技術的時間溯源或推演，查找解決問題或設計發想所需資源，例如：物質、時間、空間、能量、訊息、功能及演化等。

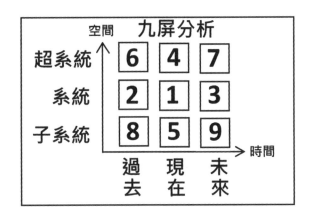

圖 15-2 生醫材料衍生醫療器材九屏分析

(二) 生醫材料衍生醫療器材設計瓶頸解套思維與產品演化趨勢突破

　　一般而言，產品趨勢演化過程可分為四個階段：嬰兒期、成長期、成熟期、退出期。處於前兩個階段的產品，企業可擴大投入，儘快使設計產品進入成熟期，以獲得最大效益；而處於成熟期的產品設計，企業可對其替代技術進行研究，使產品設計取得新的替代技術，以應對未來市場競爭；至於處於退出期的產品設計，企業利潤急劇下降，可儘快進行淘汰規劃。

　　演化分析可以市場產品現況作分析基礎，為企業產品規劃提供具體支持。演化趨勢在推估生醫材料衍生醫療器材的可能演化趨勢時，可以加入臨床需求及安全性、功能性生醫材料衍生醫療器材設計原則，作為系統未來演化發展方向之評估參數。Altshuller 透過對世界專利的研究與分析，發現與確認技術系統的趨勢所發展提出技術演化模式及 TRIZ 理論，可應用於市場需求評估、技術預測、新技術規劃、專利布局、企業戰略制定時機等。技術演化趨勢基本可分八種型態：

1. 演化趨勢一：依循階段性發展型態

　　每個技術系統所依循生命週期的發展都不相同，每個發展階段代表著一產品設計在當時的位階：例如，技術的創新性位階，市場的接受度位階，又或是系統的完整性位階等。

　　技術系統常是以階段性發展來進行，新技術系統的產生常是因為存在某種需求，透過特定技術可滿足需求。分析現有技術的定位，可了解技術處在哪個生命週期階段，若到成熟期，就必須進行創新或改善。

　　由生命週期的 S 曲線可預估何種產品在市場上將無法創造利潤，或是產品應在何時上市以利於取得優勢，或是了解產品可能會被其他產品取代的時間。當系統發展至衰弱期時，則會有另一個新系統發展出來取代原系統，即是依循階段性發展型態。

2. 演化趨勢二：逐步邁向理想化發展型態

　　一系統總是會朝著增加理想化（Ideality）程度的方向演進，意即，增加有用功能的數量或強度，減少有害功能的數量或強度。系統演進的目的，在於產生理想的最終產品。常具有各自的演進時間表，依循各自的 S 曲線演進，並在不同時間達到各自極限。

3. 演化趨勢三：系統元件非均衡發展型態

　　系統之元件（次系統）朝著非一致性發展（選擇系統元件或者元件的改良）。子系統的元件都有各自的 S 曲線，不同的元件通常依照各自的時程發展。不同系統元件因技術衝突及物理衝突，而在不同時間到達本身內在的極限。第一個元件到達極限時，就會抑制整個系統的發展，而繼續發展的關鍵，在於消除衝突，使系統元件達到互相調和，就能提升系統的表現。

4. 演化趨勢四：增加動態與可控制性發展型態

不斷改善的動態與操作性能，增加系統的動態性，可讓系統功能擁有更高的彈性或多樣性，而相對應的操控性需求也隨之增加。

5. 演化趨勢五：增加複雜性再進行簡化發展型態

先不斷複雜化，增加系統功能與品質滿足需求，透過整合簡化，保留原功能與品質但卻精簡許多。

6. 演化趨勢六：突破非匹配元件匹配性演化發展型態

利用「和原系統非匹配的元件」，嘗試尋求突破的解答，期能提高性能或消除衝突效應。非匹配的元件進化至匹配的元件增加性能，進一步朝向非匹配的元件增加性能或消除有害效應。

7. 演化趨勢七：朝微觀層次及增加能場使用發展型態

大型化的系統，經由縮小化和簡化，發展為非物質系統（場能）。例如：常利用各類的能源場於元件間的連結，以提高性能或操控性。

8. 演化趨勢八：增加自動化發展型態

減少人為參與，減少人之交互作用而增加自動化程度。

以上這些演化趨勢，可進一步解構成「時間面向演化」、「空間面向演化」與「介面面向演化」等三面向演化趨勢。透過不同面向的演化思維參數，可分析設計前後的演化進程，並可藉由演化程度雷達圖表達，更有效掌握演化具體程度，進而預測市場優勢期限及相關技術布局機會。

不同面向的演化思維參數的切入點有顯著不同，例如：「時間面向演化思維參數」考量非線性、動作協調、節奏協調等；「空間面向演化思維參數」考量智慧材料、空間分割、表面分割、物件分割、降低密度、動態程度、網狀纖維、非對稱性、向下縮合、幾何進化（線性或體積）等；「介面面向演化思維參數」考量設計點、自由度、控制度、向上整合、增加感官、市場趨勢、邊界破除、簡約設計、設計方法、增加色彩、增加透明度、降低人為參與、降低能源轉換、減少制動、消費者採購焦點、同質性、變異性、差異性等。

具體的分析方法學可考量行銷策略差異，有時在產品創新設計上優先進行主流進化趨勢評估，如圖 15-3，也可以針對個性化特色進化趨勢或獨立特色進化趨勢進行產品設計評估；或是利用 JS（約瑟白雪）演化趨勢思維圖，如圖 15-4；又或是利用演化程度雷達圖如圖 15-5 來執行，例如：在設計前後，新舊產品在表面分割、非對稱性、幾何進化、巨觀進化至微觀、邊界破除及簡約設計等參數進行比對，評估設計演化程度。

進化趨勢代號 ＼ 進化階段	進化階段 I	進化階段 II	進化階段 III	進化階段 IV	進化階段 V	進化階段 VI
23 消費者購買焦點	性能	可靠度 ■	方便性 ▲●	價格		
24 市場趨勢		■	●			
25 設計點	■	●	▲			
1 智慧型材料			■	▲		
29 降低人為參與		■	▲			
5 縮小的趨勢		■	▲			
21 增加色彩的利用			■	▲		
26 自由度		■	●			
12 動態程度	■	▲				
19 減少阻尼	■	▲				
28 控制性	■	●				

■：目前技術階段　　●：藍海技術預定突破階段　　▲：紅海技術預定突破階段

圖 15-3 紅藍海設計策略主流進化趨勢評估圖

圖 15-4 JS（約瑟白雪）演化趨勢思維圖

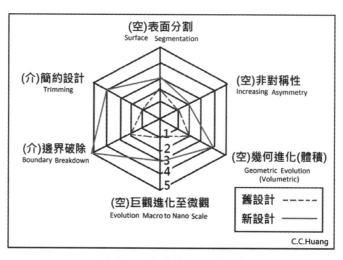

圖 15-5 演化程度雷達圖

三、設計瓶頸解套思維與生技醫療仿生設計策略

　　生醫材料衍生醫療器材設計需要考慮臨床需求、臨床應用限制性問題、關鍵技術聚焦、初始設計之臨床前評價、初始設計之臨床風險評估、初始設計之安全性有效性試驗，以建構符合臨床需求的合適評估方法。對於生醫材料衍生醫療器材設計瓶頸之解套，可以試著導入仿生設計思維，也就是試著利用特定仿生評估方法結合自然元素之設計思維。在仿生設計思維過程中，考慮自然元素之指引，可依循醫療器材整合問題仿生評估法，將臨床問題與自然元素啟發建立之仿生技術與設計相結合，如圖 15-5 所示。利用醫療器械整合問題仿生評估法，成功地設計並製備出仿生高支撐性軟質醫療聚乙烯醇引流材料（PARSD/Cenefom PVA），滿足高引流效率的臨床需求和外科引流／負壓引流系統臨床應用所需要的結構支撐，而結構支撐性是軟質醫療引流材料或引流系統的有效性和安全性最重要的問題，特別是在陰道、鼻腔、肛門及肌肉收縮或褥瘡、糖尿病足負壓引流治療的情況下。

Medical device(MD) unified problem-driven bioinspired evaluating approach

Step 1. Clinical needs
Step 2. Restricted clinical problem analysis
Step 3. Abstract technical problems
Step 4. Transpose to nature
Step 5. Identify potential natural models
Step 6. Select natural model of interest
Step 7. Abstract natural strategies
Step 8. Preclinical evaluation of design
Step 9. Transpose to technology
Step 10. Clinic risk evaluation of design
Step 11. Implement and test for safe and effective

PARSD CC Medical Devices Biomimetic Design Approach

(A)

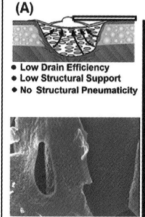

- Low Drain Efficiency
- Low Structural Support
- No Structural Pneumaticity

Traditional Structural Design

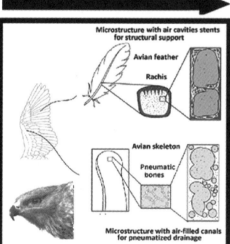

Microstructure with air cavities stents for structural support

Avian feather

Rachis

Avian skeleton

Pneumatic bones

Microstructure with air-filled canals for pneumatized drainage

(B)

- High Drain Efficiency
- High Structural Support
- High Structural Pneumaticity Inspired by Avain Skeleton and Feather

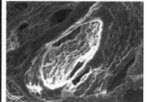

Biomimetic Structural Design

圖 15-6 醫療器械整合問題仿生評估法
及仿生高支撐性軟質醫療引流材料設計開發圖

MEMO

生醫材料衍生醫療器材設計之上市商品化評估策略

在這個章節中,我們希望帶領讀者:

1. 認識生醫材料衍生醫療器材設計之上市商品化評估項目。

2. 了解生醫材料衍生醫療器材設計之上市商品化評估重要性。

3. 認識生醫材料衍生醫療器材設計之上市商品化評估應用。

16

生醫材料衍生醫療器材設計之上市商品化評估策略

一、生醫材料衍生醫療器材設計之標的評估

生醫材料衍生醫療器材上市商品化評估策略，目標在創造出真正滿足醫護及病患甚至管理者需求的產品。

（一）醫療器材唯一識別系統（UDI）

在生醫材料衍生醫療器材設計上，應考量全球醫療器材產品管理推動醫療器材唯一識別系統（Unique Device Identification, UDI）之趨勢。醫療器材唯一識別系統之關鍵原則，即具備有唯一性、穩定性和可擴展性的原則，為每個醫療器材賦予身分證，實現生產、經營、使用各環節的透明化、可視化，提升產品可追溯性，是醫療器材監管手段創新和監管效能提升的重要關鍵，對嚴守醫療器材安全底線、助力醫療器材高質量發展具積極作用。

（二）全球醫療器材命名系統

全球醫療器材命名系統（Global Medical Device Nomenclature，簡稱GMDN）是依據 ISO 15225 國際標準命名醫療器材，透過國際協定通用術語來識別醫療器材的系統，其主要目的是提供衛生主管機關與監管機構、醫療院所、製造商與供應商單一且一致、全球性的通用命名系統，來識別同一類型的醫療器材，促進正確溝通與效率。

此套 GMDN 系統，同時也可支援上市後監管、不良事件通報、產品回收與其他醫療管理活動。GMDN 代碼中，醫療器材必須有適當且一致的命名，並且必須有具體描述性定義。其命名結構，分為「器材類別」（Device

Category）、「組合名稱」（Collective Term）、「通用器材項目」（Generic Device Group）、「器材型態」（Device Type）四個部分。GMDN 術語結構是由代碼（Code）、術語名稱（Term Name）和術語定義（Term Definition）三部分組成。代碼為 5 位流水碼；術語名稱包括基本概念和隨附其後的一個或多個限定詞，並用逗號隔開，表示材質、部位、通用稱謂等；定義包括預期用途、使用部位、技術特性及其他強制性特性，例如：軟性電子十二指腸鏡 GMDN 代碼為 38805，產品名稱為 Gastroduodenoscope，特徵限定詞為 flexible，如圖 16-1 所示。

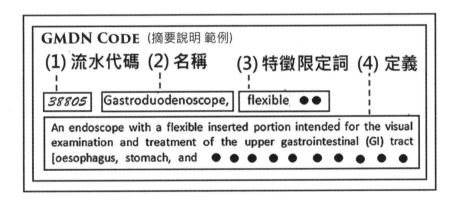

圖 16-1 醫療器材產品 GMDN 代碼示意圖

（三）生醫材料衍生醫療器材的分類

臺灣生醫材料衍生醫療器材的上市分類，依可能對人體造成的危害性可分為三級，分別是：低風險性的第一級（Class I）、中風險性的第二級（Class II）、高風險性的第三級（Class III）以及新醫療器材（無核准類似品）。

生醫材料衍生醫療器材，按產品生命週期及風險分類進行全面管理，從上市前製造販賣、登錄與查驗登記、臨床試驗，到上市後廣告、安全監視、不良事件通報、安全評估等之管理，對主管機關稽查與取締亦有規範。

二、生醫材料衍生醫療器材設計之安全性評估

生醫材料衍生醫療器材產品具有多樣性與複雜性的特點，正確地評估醫療器材產品設計安全性與有效性，是產品上市前自我評估的重點。臨床前測試評估常見有：產品特定功能試驗、強度試驗、化學溶出試驗、微生物試驗、包裝結構完整性試驗，及生物相容性評估。評估方式可依循四個層面來進行，例如權責機關指引、國際通用標準功能性宣稱及可預見風險等，如圖 16-2 所示。

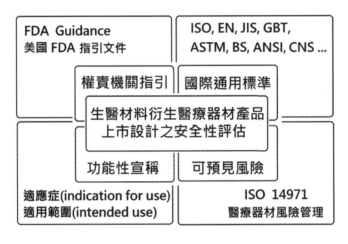

圖 16-2 生醫材料衍生醫療器材產品上市安全性評估要項圖

三、生醫材料衍生醫療器材品質管理系統評估

在生醫材料衍生醫療器材商品化評估當中，品質管理系統評估為關鍵項目。品質管理系統評估主要依據醫療器材品質管理系統標準（Medical Devices Quality Management Systems Standards）來進行，其目的在於審查醫療器材製造廠之品質系統，以確保其達到產品安全性、品質穩定性、紀錄完整性等基本要求，為醫療器材業者在品質系統上，提供共同接受與遵守的原則。

而關注要點包含安全上的基本要求，包含如：風險分析與管理、臨床評估與調查、標示、技術標準、資訊回饋系統、上市後監督、客戶抱怨調查、

建議性通告等基本要求。此外，對特定項目另有額外要求，例如：設計管制、環境管制、特殊流程管制、追溯性、記錄保存及法規措施等。

自 2016 年起，國際醫療器材品質系統標準加強風險管理、確效驗證、供應商控管流程的概念，亦同步將電腦應用軟體納入規範。生醫材料衍生醫療器材產品的設計，應以能通過 ISO 13485 標準認證及 ISO14971 風險管理要求為商品化設計關鍵考量，證明產品在上市實踐方面，已充分考量採購開發、研發設計、原物料選擇、製程選擇、物化性質品質監督之設計與實踐、生產、包裝、上市後監管等，證明這些都遵照法規並符合國際品質系統規範要求的基本水平。進一步來說，產品設計結合品質管理作業流程、效率管控，及各階段風險管理，以確保產品設計之商品化過程能夠獲得完整實踐，達到品質與安全高標準要求，以提供在生醫材料衍醫療器材產品生命週期品質之保證。

四、生醫材料衍生醫療器材設計之產品申報評估

臺灣生醫材料衍生醫療器材產品，需經由不同規格的審查及認證程序才能上市，產品商品化投入的資源規模也大不同。因此，生醫材料衍生醫療器材產品上市申報評估，對於生醫材料衍生醫療器材設計影響相當大。

低風險性的第一級醫療器材在申請許可證時，若符合簡化流程的資格，只需要備妥基本文件臨櫃辦理。而第二及第三級醫療器材風險性較高，必須先登錄醫療器材優良製造規範進行認可，除了檢附基本文件之外，還需提出技術性文件與測試相關資料，例如：臨床前測試及原廠品質管制檢驗規格與方法、產品之結構／性能／用途／圖樣相關資料等。若創作設計產品屬於未曾揭示或未曾通過審批之新醫療器材，申請時須檢附臨床試驗報告。美國 510（k）醫療器材申報指引，亦為生醫材料衍生醫療器材申報評估重要參考。美國 510（k）醫療器材申報指引，可分成一般性指引與個別器材指引。例如一般性指引，包含上市前通知 510（k）之實質相等性（Evaluating Substantial Equivalence）評估指引、行動醫療應用（Mobile

Medical Applications）指引、醫療器材產品分類分級代碼（Classification Product Codes）指引、醫療器材製造商的設計控制指引（Design Control Guidance）及個別醫療器材指引等。對於特定類別另有特定醫療器材指引，例如積層製造（3D 列印）醫療器材管理指引。

五、生醫材料衍生醫療器材設計之風險管理評估

落實生醫材料衍生醫療器材設計之風險管理，必須符合醫療器材風險管理 ISO 14971 之規範，「殘餘風險（Residual Risk）高到不被認為可接受，也沒其他風險控制手段時，就要以文獻及數據評估其利益是否大於風險」。

ISO 14971 正式的官方名稱為 Medical devices -Application of risk management to medical devices（醫療器材 - 醫療器材風險管理應用），作為 ISO 13485 醫療器材品質管理系統之風險管理指引。依據 ISO 14971 要求，製造商應在醫療器材整個生命週期內，建立風險管理流程識別與醫療器材有關的危害，並針對所有危害估計和評估可能的風險，以及確保風險管控措施的有效性。ISO 14971 配合 ISO 13485 的主要適用對象，例如：醫療器材設計及製造商（包含有安裝軟體的醫療器材與體外診斷醫療器材），醫療器材設計開發商，涉及醫療器材生命週期中的其他產品。ISO 14971 不涉及判定醫療器材臨床試驗之風險及商業風險管理。

ISO 14971 要求在醫療器材設計研發階段，至少應產出一份風險評估報告，以協助製造商在研發階段了解可能遭遇之風險，避免使用醫療器材之患者或人員發生損傷。所以，生醫材料衍生醫療器材設計之風險管理，必須考量 FDA 風險利益評估，確定利益與風險。而風險（Risks）則涵蓋嚴重度（Severity）、類型（Types）、數量（Numbers）、比率（Rates）、「目標人群」中發生有害事件的機率、患者經歷一種或多種有害事件發生機率、有害事件的持續時間、診斷設備假陽性或假陰性結果的風險。

醫療器材風險評估報告必須依條文，要求定期執行風險管理審查，以確保風險管理計劃的適切性。簡易風險管理計畫流程，主要是將簡易風險管理計畫流程，分成風險分析階段、風險評估階段、風險控制階段、總殘餘風險評估階段、風險管理審查階段、生產及生產後活動階段等。而在風險控制階段，若涉及未考慮的風險、不可接受的殘餘風險及新的危害風險時，則重新進入風險分析階段。若經生產及生產後活動後審查，認定有需要重新評估風險時，則重新進入風險分析階段，如圖 16-3。

此外，生醫材料衍生醫療器材設計考量風險管理過程之必須釐清的重要概念，包含風險（Residual Risk）、風險分析（Risk Analysis）、風險評估（Risk Assessment）、風險控制（Risk Control）、風險估計（Risk Estimation）、風險評價（Risk Evaluation）及風險管理（Risk Management）。

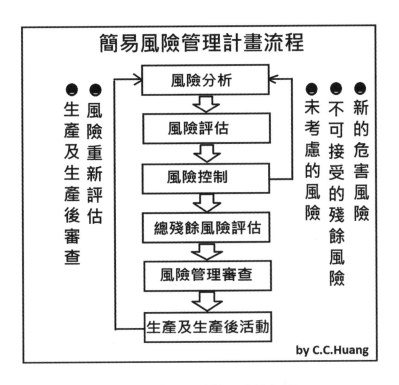

圖 16-3 簡易風險管理畫流程圖

六、生醫材料衍生醫療器材設計之專利布局策略評估

當完成標的需求之產品設計之後，可重新盤點設計過程所涉及之中間產品及競品對應技術，進行專利布局策略的擬定及技術沙盤推演。此時可結合專利技術功效紅藍海矩陣分析，例如圖 16-4 之「骨填充物技術功效紅藍海矩陣圖」，或是 TRIZ 的技術演化分析及如圖 16-5 的「專利組合競爭強度相對動態趨勢」來分析來整合評價，以利於深化保障關鍵技術及設計。

(一)

技術/功效	固定	替代原骨頭功能	幫助支撐
植入式假體	63	13	107
可膨脹收縮	9	0	22
椎間融合	8	1	12
生物相容	6	2	36
多孔	5	4	27
可吸收	7	0	11

(二)

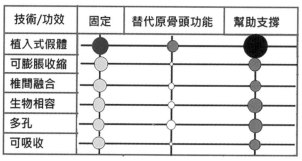

圖 16-4 骨填充物技術功效紅藍海矩陣示意圖

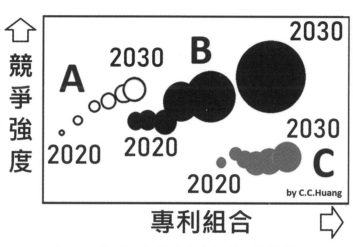

圖 16-5 專利組合競爭強度相對動態趨勢圖

常見的專利布局策略的模式分為六種，包含：特定阻絕與迴避式布局、策略式布局、地毯式布局、圍牆式布局、包圍式布局、組合網式布局。在進行上市評估時，亦要留意專利及專利組合布局成本與突破成本關係，如圖 16-6 所示。

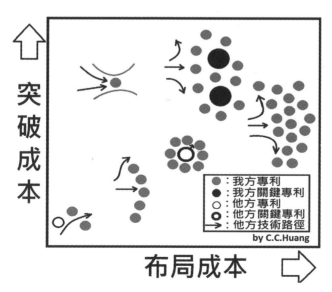

圖 16-6 專利組合布局成本及突破成本關聯圖

產品發展進行優勢專利組合布局，必須考量優勢專利組合結構元素與專利布局之關係。專利布局不論單一專利組合、複合專利組合、或是專利池與結構元素間的關聯性皆相當重要，而結構元素則有法律性連通元素、技術性連通元素、以及商業性連通元素，如圖 16-7 所示。企業在考慮專利及專利組合布局時，優勢專利組合結構元素經常會被忽略，導致投入大量成本卻獲得無結構性專利群組，以致縱使有數目龐大的專利亦難以發揮專利組合基本效益。

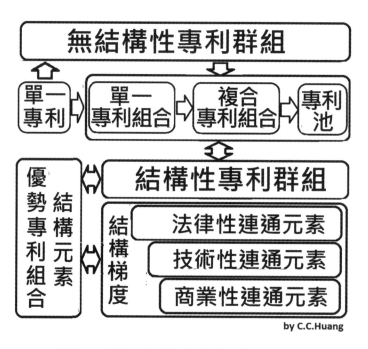

圖 16-7 優勢專利組合結構元素關聯圖

七、生醫材料衍生醫療器材設計之產業動態效益評估

生醫材料衍生醫療器材之開發，必須憑藉並整合多方面資源，但同時也消耗多方面資源，特別是經濟資源與時間資源。因此，在生醫材料衍生醫療器材之設計開發過程中，需要留意產業動態（包含法規動態的相對影響）及產品效益評估。

在產業上，一個新規定，一個新技術，一個新設計，一個新產品，一個新製程，都可能對進行中的產品設計與技術開發造成顛覆性影響。例如：流行病的發生牽動感染控制類醫療器材產品及技術的發展；又例如：高齡化社會牽動人工水晶體、電燒刀、內視鏡、牙植體等都是大大顛覆原臨床處置模式的產品及技術；也例如：歐盟新的醫療器材管理規範的推動、上市風險管理要求的改變、電性安規標準的變更、單一產品識別系統的推行、人體組織應用管理規範、3D列印醫療器材管理規範等，都連動影響著產品在各區域市場的生命週期。因此，高度的技術及設計彈性，對創新生醫材料衍生醫療器材之開發相當重要。當然，這些技術及設計包含前述的設計原則及元素的考量。

八、生醫材料衍生醫療器材設計之商業、智慧財產與研發策略連動價值評估

企業投入生醫材料及其衍生醫療器材產品設計與開發，必須留意企業研發策略與商業策略之間是否步調一致且連動，而更容易被忽略的是智慧財產策略與商業策略之間的動態關聯。

不同的智慧財產策略，除了考量自身企業與競爭企業智慧財產布局中技術功效紅藍海矩陣分布，以及專利組合競爭強度的相對動態趨勢，如圖

16-7 之外，更重要的是要與企業本身商業策略以及研發策略緊密連動，如圖 16-8，才能創造加乘效益。例如：商業策略投入資源支持智慧財產策略，而智慧財產策略則回饋產品技術專利支持商業策略，同時產出競爭企業產品技術動態，支持研發策略規劃與推動。如此一來，研發策略得到競爭企業產品技術動態，規劃產品技術創新來支持智慧財產策略布局，並產出創新產品技術支持商業策略。

同樣地，因產品技術專利與創新產品技術支持使商業策略更具彈性，更利於企業獲利提升，良性循環地提供資源支持智慧財產策略與研發策略。而商業策略（BS）、智慧財產策略（IPS）與研發策略（RDS）的複合策略連動關係還會創造不同企業價值，即好的連動關係可帶來連續性的價值創造曲線，如圖 16-9。

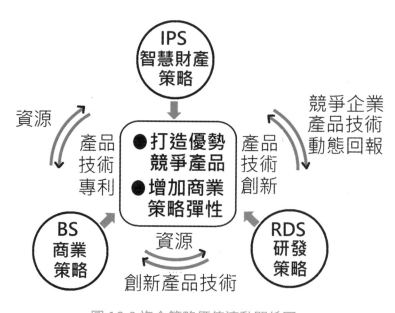

圖 16-8 複合策略價值連動關係圖

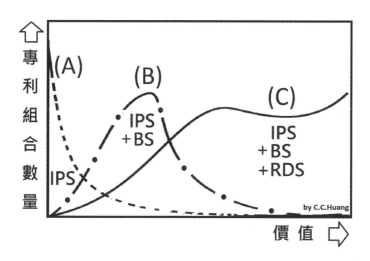

圖 16-9 複合策略價值創造曲線圖：
(A) 單獨智慧財產策略 IPS；
（B）商業策略（BS）／智慧財產策略（IPS）之複合策略；
（C）商業策略（BS）／智慧財產策略（IPS）／研發策略（RDS）之複合策略

生醫材料衍生醫療器材設計之上市商品化評估策略

參考文獻

1. 孫逸民、陳玉舜、趙敏勳、謝明學、劉興鑑，《儀器分析》，全威圖書有限公司出版（2017）

2. 李玉寶、顧寧、魏于全，《奈米生醫材料》，五南圖書出版公司出版（2006）

3. 俞耀庭，《生物醫用材料》，新文京開發出版股份有限公司出版（2004）

4. 薛敬和，《生命科學與工程》，百晴文化科技出版股份有限公司出版（2015）

5. J. S. Temenoff and A. G. Mikos, Biomaterials: The Intersection of Biology and Materials Science, Pearson/Prentice Hall Press (2008).

6. J. Park, R. S. Lakes, Biomaterials: An Introduction, Springer Science & Business Media Press (2007).

7. C. M. Agrawal, J. L. Ong, M. R. Appleford, G. Mani, Introduction to Biomaterials: Basic Theory with Engineering Application, Cambridge ; New York : Cambridge University Press (2014).

8. S. J. Peter, M. J. Miller, A. W. Yasko, M. J. Yaszemski, A. G. Mikos, Polymer Concepts in Tissue Engineering, J Biomed Mater Res, 43, 422-427 (1998).

9. C. Mauli Agrawal, Robert B. Ray, Biodegradable polymeric scaffolds for musculoskeletal tissue engineering, J Biomed Mater Res, 55, 141-150 (2001).

10. Karen J.L. Burg, Scott Porter, James F. Kellam, Biomaterial developments for bone tissue engineering, Biomaterials, 21, 2347-2359 (2000).

11. M.C. Chiang and C.C. Huang, Biological and Clinical Evaluations of Designed Optically Guided Medical Devices with Scalpel and Light Scattering Modules for Carpal Tunnel Surgical Procedure, Journal Bio-Medical Materials and Engineering (BMME), 26(S1), 173-179 (2015).

12. 林宏隆、何國梁、黃慶成，《創新醫用雷射之設計、發展與臨床應用》，衡奕精密工業股份有限公司出版，ISBN 978-986-98033-1-1（2023）

13. 黃慶成，〈含 Sirolimus 藥物心血管支架案例審查與複合性醫療器材管理之研究〉，《藥技通訊》，116，12-15（2007）

14. 黃慶成、陳奕蓉，〈醫療器材上市前之生物相容性評估〉，藥技通訊，133，15-21（2009）

15. 黃慶成、陳奕蓉、劉俐伶，〈醫療器材之臨床試驗法規與管理實務〉，《藥技通訊》，138，13-16（2009）

16. 黃慶成、陳奕蓉，〈醫療器材臨床試驗之倫理概論〉，《藥技通訊》，150，15-20（2010）

17. G. A. Moore, Crossing the Chasm, Harper Business Press, ISBN0-06-051712-3 (1991).

18. 黃慶成，《醫用超潔淨聚乙烯醇發泡體敷料之創新設計》，巴斯特製藥科技顧問公司出版，ISBN 978-986-06790-0-7（2021）

19. Chen, W., K. G. Neoh, E. T. Kang, K. L. Tan, D. J. Liaw, C. C. Huang, "Surface Modification and Adhesion Characteristics of Polycarbonate Films after Graft Copolymerization", J. Polym. Sci., Part A: Polym. Chem., 36(2), 357-366 (1998).

20. Liaw, D. J., T. P. Chen, and C. C. Huang, "Self-Assembly Aggregation of Highly Stable Copolynorbornenes with Amphiphilic Architecture via Ring-Opening Metathesis Polymerization, Macromolecules, 38, 3533-3538 (2005).

21. Zhai, G., S. C. Toh, W. L. Tan, E. T. Kang, K. G. Neoh, C. C. Huang , D. J. Liaw, Poly (vinylidene fluoride) with Grafted Zwitterionic Polymer Side Chains for Electrolyte-Responsive Microfiltration Membranes, Langmuir, 19, 7030-7037 (2003).

22. R.Yang, J. Xu, C.C. Huang, "Effect of ionic crosslinking on morphology and thermostability of biomimetic supercritical fluids-decellularized dermal-based composite bioscaffolds for bioprinting applications", International Journal of Bioprinting, 9(1), 625 (2022).

23. J.R. Chaw, H.W. Liu, Y.C. Shih, C.C. Huang, New Designed Nerve Conduits with Porous Ionic Cross-linked Alginate/Chitosan Structure for Nervous Regeneration, Journal Bio-Medical Materials and Engineering, 26(S1), 95-102 (2015).

24. Y.W. Liu, C.C. Huang, Y.Y. Wang, J. X., G.D. Wang, X. P. Bai, "Biological evaluations of decellularized extracellular matrix collagen microparticles prepared based on plant enzymes and aqueous two-phase method", Regenerative Biomaterials, 8,1-10 (2021).

25. C.C. Huang, "New Designed Decellularized Scaffolds for Scaffold-based Gene Therapy from Elastic Cartilages via Supercritical Carbon Dioxide Fluid and Alkaline/Protease Treatments", Current Gene Therapy, 22(2), 162-167(2022).

26. J.R. Chaw, H.W. Liu, Y.C. Shih, C.C. Huang, "New Designed Nerve Conduits with Porous Ionic Cross-linked Alginate/Chitosan Structure for Nervous Regeneration", Journal Bio-Medical Materials and Engineering, 26(S1), 95-102 (2015).

27. Haruo Ishikawa, Toric intraocular lens and intraocular lens insertion apparatus, US 10,856,969 B2.

28. IMDRF,《Essential Principles of Safety and Performance of Medical Devices and IVD Medical Devices》(IMDRF/GRRP WG/N47 FINAL:2018) (2018).

29. Code of Federal Regulations Title 21, Part 860--Medical Device Classification Procedures Subpart A, Sec. 860.7 Determination of safety and effectiveness (2008).

30. ISO 14971:2007. Medical devices-Application of risk management to medical devices (2007).

31. 一般醫療器材：GHTF/SG1/N11:2008《Summary Technical Documentation for Demonstrating Conformity to the Essential Principles of Safety and Performance of Medical Devices (STED)》（2008）

32. 體外診斷醫療器材：GHTF/SG1/N63:2011《Summary Technical Documentation (STED) for Demonstrating Conformity to the Essential Principles of Safety and Performance of IVD Medical Devices》（2011）

33. ISO 10993-1:2018,Biological evaluation of medical devices ─ Part 1: Evaluation and testing within a risk management process (2018).

34. 黃孝怡，〈技術性專利布局：專利探勘與 TRIZ 理論〉，《智慧財產權月刊》，236，30-53（2018）

35. G. Altshuller, "40 Principles: TRIZ Keys to Innovation", Technical Innovation Center Press (2005).

36. N.Gazem, A. A.Rahman, "Interpretation of TRIZ Principles in a Service Related Context", Asian Social Science, 10(13), 108 (2014).

37. T. Cheng, W. D. Yu, C. M. Wu, R. S. Chiu, "Analysis of Construction Inventive Patents Based on TRIZ", ISARC, 3-5 (2006).

38. 張啟聰，〈KSR 案及其對美國專利實務造成之影響〉，《科技法學評論》，5:1，225-256（2008）

39. M. G. Moehrle, "What is TRIZ? From Conceptual Basics to a Framework for Research", Creativity and Innovation Management, 14(1), 3-13 (2005).

40. G. Altschuller, G. Altov, H. Altov, "And Suddenly the Inventor Appeared: TRIZ, the Theory of Inventive Problem Solving", Technical Innovation Center, Inc, Worcester Press (2004).

41. Y. C. Hung, Y. L. Hsu, "An Integrated Process for Designing Around Existing Patents through the Theory of Inventive Problem-solving", Proceedings of the institution of mechanical engineers, Part B: Journal of Engineering Manufacture, 221(1), 109-122 (2007).

42. C.C. Huang, "Establishment of BM-TRIZ Biomedical Inventive Principles and Design-thinking Methods for Innovative Design of Medical Devices Based on A New Polymeric Biomaterial Containing Polyvinyl Alcohol Foam via an Air-foaming Procedure", Annals of Advanced Biomedical Sciences, 4(1), 1-12 (2021).

43. C.C. Huang, Q.W. Chang, Y.S. Lin, T.K. Leung, "Porous Dressing", USP 20090053287 (11/926515).

44. C.C. Huang, S.H. Lai, Y.S. Lin, T.K. Leung, "Composite Dressing", USP7645915(2007).

45. D.J. Liaw, C.C. Huang, E.T. Kang, K.L. Tan, K.G. Neoh, "Adhesive-Free Adhesion between Polymer Surfaces", USP 5755913(1998).

46. C.C. Huang, M. Shiotsuki, Biomimetics - Bridging the Gap: Design and Characterization of Natural and Synthetic Soft Polymeric Materials with Biomimetic 3D Microarchitecture for Tissue Engineering and Medical applications, Intechopen Limited Press (2022)

47. C.C. Huang, M.J. Yang, Z. Zhang, I.L. Chang, "Preclinical Evaluation and Characteristics of New Designed Anti- Adhesion Extra Thin Polyvinyl Alcohol Foam Dressings Derived from a Super Clean Air Foaming Process for Negative Pressure Wound Therapy in Orthopedics", Basic & Clinical Pharmacology & Toxicology, 124, 15 (2019).

48. C.C. Huang, "Creative Contributions of the Methods of a Biomimetic Inventive Design of Novel Medical Drainage Materials Derived From Polyvinyl Alcohol Foam with Air Cavities Bioinspired by Avian Skeleton and Feather Rachises", Annals of Advanced Biomedical Sciences, 5(1), aabsc-1600017(2022).

49. 許巧奕、黃慶成、翁永卿，〈骨科填充物類醫療器材上市管理系統暨智慧財產布局策略建立之研究〉，銘傳大學健康產業管理碩士論文（2020）

50. S. Liu, H. Y. A. Fong, Y. T. Lan, Patent Portfolio Deployment: Bridging the R&D, Patent and Product Markets, World Scientific Publishing Company Press (2017).

MEMO

國家圖書館出版品預行編目資料

生醫材料好簡單 / 陳玫蓉、陳姵如、黃慶成著
-- 初版 -- 臺北市：瑞蘭國際, 2024.09
216面；19 x 26公分 --（專業學習系列；01）
ISBN：978-626-7473-60-3（平裝）
1.CST：生醫材料 2.CST：醫療用品

349.7   113013140

專業學習系列01

生醫材料好簡單

作者｜陳玫蓉、陳姵如、黃慶成
責任編輯｜葉仲芸、王愿琦
特約編輯｜楊孟蓉
校對｜陳玫蓉、陳姵如、黃慶成、葉仲芸、王愿琦

封面設計｜劉麗雪
版型設計｜劉麗雪
內文排版｜邱亭瑜
封底插畫繪製｜黃家凡

瑞蘭國際出版

董事長｜張暖彗・社長兼總編輯｜王愿琦
編輯部
副總編輯｜葉仲芸・主編｜潘治婷
設計部主任｜陳如琪
業務部
經理｜楊米琪・主任｜林湲洵・組長｜張毓庭

出版社｜瑞蘭國際有限公司・地址｜台北市大安區安和路一段104號7樓之1
電話｜(02)2700-4625・傳真｜(02)2700-4622・訂購專線｜(02)2700-4625
劃撥帳號｜19914152 瑞蘭國際有限公司
瑞蘭國際網路書城｜www.genki-japan.com.tw

法律顧問｜海灣國際法律事務所　呂錦峯律師

總經銷｜聯合發行股份有限公司・電話｜(02)2917-8022、2917-8042
傳真｜(02)2915-6275、2915-7212・印刷｜科億印刷股份有限公司
出版日期｜2024年09月初版1刷・定價｜550元・ISBN｜978-626-7473-60-3